I0064312

Unterteilte Fertigung im Rohrleitungsbau

Hinweise und Hilfsmittel

zur Leistungssteigerung

Von

Paul Holl VDI

Mit 135 Bildern und 7 Zahlentafeln

München und Berlin 1943

Verlag von R. Oldenbourg

Copyright 1943 by R. Oldenbourg, München und Berlin
Druck von R. Oldenbourg, München
Printed in Germany

.... Jede Stunde Arbeitskraft, jedes Kilogramm Material muß auf das Endziel des Sieges angesetzt werden. Auf dem Gebiete höchster Zweckmäßigkeit des Betriebes und sparsamster Verwendung der Rohstoffe bestehen für den Techniker noch gewaltige Aufgaben. ....

Auf dem Wege zu diesem Ziel darf den deutschen Ingenieur auch kein Bürokratismus aufhalten. ......

Aus dem Neujahrsaufruf 1942 des † Reichsministers für Waffen und Munition und Reichswalter des NSBDT Dr.-Ing. Fritz TODT an die Männer der Deutschen Technik

Vorwort

Wenn nachfolgende Arbeit in großer, weltgeschichtlich entscheidender Zeit der Öffentlichkeit übergeben wird, so nicht zuletzt im Hinblick auf den in Handwerk und Industrie immer mehr fühlbar werdenden Mangel an Arbeitskräften, der zur planmäßigen Durchführung der gegenwärtigen und vor allem der zukünftigen Aufgaben dringend eine Überprüfung der seither im Rohrleitungsbau üblichen Arbeitsweise auf breitester Grundlage fordert.

Die Voraussetzung zur Einsparung von Arbeitskräften liegt in der Arbeitsbestgestaltung der Betriebe und Arbeitsbestleistung aller Betriebsangehörigen.

Es ist nicht so, daß die hier zur Darstellung gelangende Arbeitsweise etwas vollkommen Neues bedeutet — im Gegenteil, bereits vor Jahren und Jahrzehnten haben einzelne weitschauende Firmen mit mehr oder weniger Erfolg versucht, die werkstattmäßige Fertigung im Rohrleitungsbau einzuführen. Wenn diese Arbeiten über das Versuchsstadium nicht hinausgekommen sind, so mag das an den damaligen Zeitverhältnissen oder an falschen Voraussetzungen gelegen haben. Einen größeren erfolgreichen Versuch hat der Reichsarbeitsdienst im Jahre 1933 durchgeführt, der dazu führte, daß die gesamten Rohrleitungen für die fabrikmäßig hergestellten Barackenbauten des RAD. ebenfalls bis auf den heutigen Tag werkstattmäßig hergestellt werden. Leider blieben alle diese Versuche der großen Öffentlichkeit unbekannt. Zum Teil wich die Aufgabenstellung in der Vergangenheit auch erheblich von den vor uns liegenden Aufgaben ab. (Es sei nur daran erinnert, daß z. B. bei den Barackenbauten des RAD. Toleranzen von Stockwerkshöhen, wie diese im Wohnungsbau auftreten, nicht zu überwinden sind.)

Es ist deshalb zu begrüßen, daß sich verschiedene Behörden bereit gefunden haben, Versuche zur weiteren Erprobung der unterteilten Fertigung in Industrie- und Wohnbauten durchzuführen, um damit zu einer endgültigen Klärung der Fragen beizutragen.

Vorliegende Veröffentlichung soll nun den Gedanken der unterteilten Fertigung in die Allgemeinheit hineintragen, denn die zukünftigen Aufgaben lassen sich nur meistern, wenn alle mit dem Rohrleitungsbau in Berührung kommende Kreise mit arbeitszeitsparenden Arbeitsweisen und ihren Voraussetzungen vertraut sind.

Ein Optimum an Leistung erfordert
den Einsatz aller!

Bei dieser Gelegenheit danke ich allen, die mich bei der Durchführung meiner Arbeiten unterstützt und die damit die Veröffentlichung dieses Buches ermöglicht haben.

Im August 1942.

P. Holl.

Inhaltsverzeichnis

Bild 1. Stück um Stück der zu verlegenden Rohrleitungen wird bei der heute üblichen Arbeitsweise unter Benützung einfacher »Handwerkzeuge« von dem Installateur — oder wie er neuerdings
genannt wird, dem Einrichter — und seinem Helfer an der Baustelle gefertigt

Bild 2. Einige wenige fortschrittliche Firmen sind bereits seit Jahren auf größeren Baustellen dazu übergegangen, die handwerkliche Einzelfertigung von Rohrteilen durch maschinelle Fertigung abzulösen. Wertvolle Facharbeiterstunden konnten hierdurch für die eigentlichen Einbauarbeiten frei gemacht werden

I. Einführung

1. Versuche, Normung, Rationalisierung und Maschineneinsatz

das sind die Kernpunkte in Abschnitt VIII des Führerprogramms über den sozialen Wohnungsbau.

Anregung und Zielsetzung zu vorliegender Arbeit sowie den bereits durchgeführten und noch weiter durchzuführenden Versuchen gab dieser Abschnitt VIII, der nicht nur für die eigentliche Bauindustrie sondern in vollem Umfange auch für das Baunebengewerbe richtungweisend ist. Seine Allgemeingültigkeit geht weit über den Rahmen des Wohnungsbaues hinaus und wird in kurzer Zeit das ganze technische Schaffen erfassen.

2. Die Stellung des Rohrleitungsbaues

wird im modernen Bauwesen immer mehr an Bedeutung gewinnen.

Im Wohnungsbau gehören die haustechnischen Rohrleitungen mit zu den wichtigsten Einbauten. Wir können uns in Deutschland keine Neubauwohnung ohne Wasserleitung vorstellen. Der Führer selbst hat angeordnet, daß jede Wohnung mit Bade- oder Duschraum ausgestattet werden soll. Stockwerkswohnungen in mehrstöckigen Häusern, Eigenheime usw. erhalten Zentralheizung und Warmwasserversorgungseinrichtungen, deren Fundament das dafür gelegte Rohrnetz darstellt.

Das gleiche gilt für Verwaltungs- und Behördenbauten. die ohne Rohrleitungen Ruinen gleichen.

In der Industrie bilden Gas-, Wasser-, Dampf-, Luft-, Öl-, Hoch- und Niederdruckleitungen das Rückgrat der Betriebe, das mit Sorgfalt gehegt und gepflegt wird, damit keine produktionswichtigen Maschinen oder sonstige Einrichtungen stillstehen.

In die Hunderttausende geht die Zahl derer, die Tag für Tag, jahraus und jahrein das riesige Rohrleitungsnetz Deutschlands instand halten. Hunderttausende sind Tag für Tag mit der Neuverlegung von Rohrleitungen in Wohn-, Verwaltungs- und Industriebauten beschäftigt. Die Rohrleitungstechnik wurde immer mehr vervollkommnet. Während vor Jahrzehnten Dampfleitungen mit einem Druck von 5 kg/cm² als Hochdruckleitungen bezeichnet wurden — verlegt man heute derartige Leitungen für Drücke von 100, 200 und mehr Atmosphären — und trotzdem arbeiten noch 90% aller Rohrleger nach alten überlieferten Arbeitsweisen, die vom Großvater auf den Vater und von diesem auf den Sohn kamen. Abgewandelt wurden diese Arbeitsweisen nur so weit, wie dies durch die höhergeschraubten Anforderungen an die Rohrleitungen notwendig war. Es ist schon so, wie mir kürzlich ein alter erfahrener Oberingenieur einer Rohrleitungsbaufirma sagte: »... wir haben vor lauter Arbeit keine Zeit gefunden, die Arbeit selbst wirtschaftlicher zu gestalten!«

3. Der Wohnungsbau als Beispiel

Der zukünftige Wohnungsbau erfordert zur Erzielung wirtschaftlich tragbarer Baukosten und Mieten nicht nur den rationellsten Einsatz aller zum Bau notwendigen Materialien, sondern vor allem auch eine Beschleunigung der Bauzeiten.

Diese Rationalisierung der Arbeit bedingt neue Arbeitsweisen, die es gestatten, mit den wenigen verfügbaren Arbeitskräften höhere Leistungen zu vollbringen.

An Beispielen und Unterlagen, die vorwiegend dem Wohnungsbau entnommen sind, habe ich deshalb versucht die Möglichkeiten zur Erreichung der genannten Ziele aufzuzeigen.

4. Eine Einschränkung

Aus Fachzeitschriften und Vorträgen konnte man in letzter Zeit öfters erfahren, »... daß die jetzige Arbeitsweise der Rohrleger falsch ist!« Bei dieser Feststellung blieb es aber. In keinem Fall wurde gesagt: »Eure Arbeitsweise ist falsch — aber in Zukunft müßt ihr es so und so machen!« Dieses »So-und-So-Machen« ist nämlich für den Einrichter wichtiger als die erste Behauptung, von deren Richtigkeit gar manche unter ihnen schon lange selbst überzeugt sind. Ich habe deshalb versucht, den Einrichtern und Konstrukteuren zu sagen, wie es gemacht werden kann, welche Hilfsmittel zur Verfügung stehen und wie diese eingesetzt werden. Die Ausführungen sollen dem großen Kreis der Interessenten und direkt Betroffenen **Anregungen und Hinweise — aber keine Rezepte —** über Art und Richtung einer wirtschaftlichen Arbeitsweise geben, die neben dem haustechnischen auch den allgemeinen Rohrleitungsbau erfassen wird und zum Teil — auf Randgebieten — bereits erfaßt hat. Wenn die Unterlagen dabei in der Hauptsache auf den Gewinderohrleitungsbau abgestellt sind, so bedeutet dies keineswegs eine Verkennung der Wichtigkeit der übrigen Leitungsbauarten, sondern es waren dafür folgende Gründe maßgebend:

1. Aus Raumgründen mußte eine Behandlung von Parallelbauarten, für die im wesentlichen die Ausführungen über Gewinderohrleitungen ebenfalls Gültigkeit besitzen, unterbleiben.

2. Im Wohnungsbau stellen die Gewinderohrleitungen das Hauptkontingent aller verlegten Leitungen dar.

3. Bei Gewinderohrleitungen sind die Einsparungsmöglichkeiten an Arbeitszeit sowie die Einsatzfähigkeit von un- oder angelernten Hilfskräften am größten.

5. Revolution der Kräfte

»Traditionelle Gepflogenheiten« lassen sich nicht von heute auf morgen umstoßen. Da muß erst ein frischer Wind — der ab und zu ruhig zum Sturm anschwellen kann — darüber hinweggehen, bis diese neuen und besseren Arbeitsweisen Allgemeingut werden. Die Bereitschaft »Mitzumachen« darf sich nicht in der Anschaffung dieser oder jener Maschine erschöpfen. Hier muß eine Revolution der Kräfte erfolgen, die gewillt sind, die neuen Aufgaben mit dem Optimismus und Idealismus anzupacken, wie dies der Führer bei dem ersten Spatenstich zu den Reichsautobahnen tat:

»Fanget an!«

... Auch an den Rohrleitungsbau aller Richtungen wird eines Tages der Befehl »Fanget an« ergehen, dann heißt es gerüstet sein, die Mittel und Wege kennen — und nicht erst suchen — wie wir diesem Befehl gerecht werden können.

II. Rückblick und Ausblick

1. Die seitherige Arbeitsweise (1)

Während die Industrie seit Jahren immer mehr eine Mechanisierung selbst der einfachsten Handgriffe anstrebt, arbeitet der Einrichter auch

Bild 3. Einbauarbeit auf der Baustelle

heute noch, wie seit Jahrzehnten, mit den einfachsten handwerklichen Hilfsmitteln.

Geringfügige Änderungen in der Anwendung des einen oder anderen Werkzeuges konnten ebensowenig wie die erzielten Verbesserungen der Gewindeschneidkluppen eine wesentliche Beschleunigung der Einrichtezeiten bewirken.

Nach seitherigem Brauch erfolgt die Vornahme aller Arbeiten auf der Baustelle (Bild 1). Das Zuschneiden der Rohre und Aufschneiden der Gewinde wird in Einzelfertigung vorgenommen, wie der Einrichter die betreffenden Rohrstücke gerade braucht.

Bei den Einbauarbeiten fügen wir normalerweise Rohrlänge an Rohrlänge unter Zwischenschaltung von Abzweig-, Winkel-, Bogen- oder Verschraubungsstücken (Bild 3). Ab und zu sind wir aber auch gezwungen, an der Werkbank Rohrleitungselemente, wie Verteiler, Abzweigstücke usw., zu fertigen. Bei Heizungsanlagen geht die Herstellung von Rohrleitungselementen an der Baustelle bereits weiter. Hier handelt es

Bild 4. Werkstattarbeit gehört nicht an die Baustelle

sich in der Hauptsache um Verteiler, Anschluß- und Abzweigstücke, Rohrschlangen, Rohrregister usw. (Bild 4). Dazu kommt in den meisten Fällen — Ausnahmen bestätigen auch hier die Regel — eine ungenügende Planung und Arbeitsvorbereitung, so daß an der Baustelle oft große Verlustzeiten (Lauf-, Wartezeiten usw.) entstehen (Bild 5), die naturgemäß die nutzbringenden Arbeitszeiten ungünstig beeinflussen.

Wenn die Beibehaltung dieser Arbeitsweise bis jetzt mit der Unregelmäßigkeit der Bauten begründet wurde, so ist dies für die Zukunft

nicht mehr stichhaltig. Daß bei Groß- und Serienbauten dieser
Einwand schon seit Jahren keine Gültigkeit mehr hat,
haben verschiedene fortschrittliche Firmen durch die Tat
bewiesen.

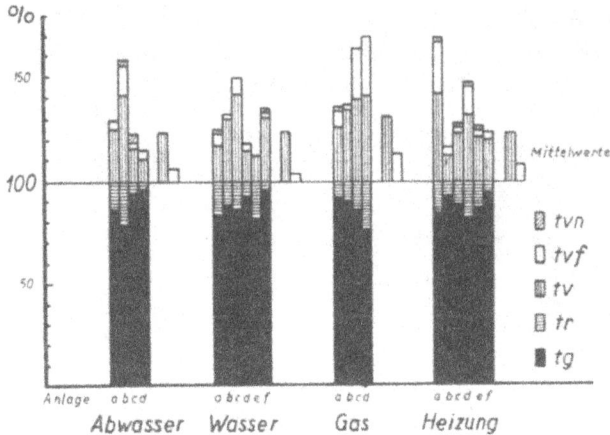

Bild 5. Prozentuale Zusammensetzung der Arbeitszeiten
bei der jetzigen Arbeitsweise.

Die Summe der Nebenzeiten ist bei einzelnen Anlagen höher als die eigentliche produktive
Arbeitszeit. Dies ist nicht zuletzt auf die ungünstige Beeinflussung der Gesamtarbeitszeit
durch nachträgliche Änderungen (tvf) usw. zurückzuführen.

    Im einzelnen bedeutet: .

t_g = Grundzeit (produktive Arbeitszeit),

t_r = Rüstzeit (die zum täglichen Auf- und Abbau des Werkplatzes erforderliche Zeit),

t_v = Verlustzeit (Warte- und Wegzeiten, Zeiten für Besprechungen, persönliche Bedürf-
nisse usw.

t_{vf} = von Fall zu Fall abzugeltende Verlustzeiten (entstanden durch nachträgliche Änderungen der Anlagen usw.),

t_{vn} = Nicht abzugeltende Verlustzeiten (entstanden durch persönliche Versäumnisse der
Arbeiter, Zuspätkommen usw.).

2. Richtschnur — das Führerprogramm

*Abschnitt VIII des Führerprogramms über den Wohnungsbau nach
dem Kriege sieht u. a. vor:*

*».. . daß in praktischen Versuchen größeren Ausmaßes Methoden zu
entwickeln sind, die eine Beschleunigung und Verbilligung des Bauvorganges gestatten. . . .«*

*».. . Dies muß durch Normung aller hierzu geeigneten Teile und Ver-
einfachung der Arbeitsweise erreicht werden. Mehr als bisher wird die
Maschine eingesetzt werden, um Arbeitskräfte für andere Aufgaben frei zu
machen und das soziale Ziel zu erreichen, daß der hochwertige deutsche
Arbeiter nicht mit untergeordneten Arbeiten beschäftigt wird. . . .«*

*Damit ist die Richtung für die zukünftige Arbeitsweise durch den
Führererlaß selbst gegeben. Eine Richtung, die nicht nur für den haustechnischen, sondern auch für den allgemeinen Rohrleitungsbau Gültigkeit besitzt.*

3. Ist eine Beschleunigung der Bauzeiten möglich?

Eine Beschleunigung der Einrichte- und Rohrverlegungszeiten und damit eine Verbilligung der Anlagekosten ist möglich, wenn die seitherige Einzelfertigung am Bau auf das unerläßlich Notwendige, d. h. neben der Fertigung einiger Paßstücke auf das Zusammenbauen der Leitungen sowie das Anbringen und Anschließen der Einrichtungsgegenstände beschränkt wird.

4. Der Weg — unterteilte Fertigung

Betriebswirtschaftlich gesehen ist es ein Unding, Einbauteile einer Anlage an der Baustelle selbst mit bescheidenen Hilfsmitteln, jedoch unter hohen Lohnkosten herzustellen, wenn diese Teile billiger und rascher in einer zweckmäßig eingerichteten Spezialwerkstätte gefertigt werden können. Wenn man diesen Weg der Unterteilung nach

in der Werkstatt herzustellenden Rohrleitungselementen
und Einbauarbeiten an der Baustelle

beschreitet, erfordert aber schon die Wirtschaftlichkeit der Betriebswerkstätte, daß ein möglichst hoher Anteil jeder Anlage werkstattmäßig vorbereitet wird. Selbstverständlich sind die betriebswirtschaftlichen Vorteile um so höher, je mehr gleichartige Teile in einer Arbeitsfolge hergestellt werden können. Aus diesem Grunde erhält die gestellte Aufgabe ihre besondere Bedeutung für den sozialen Wohnungsbau sowie die kommenden Großbauten. Das schließt aber nicht aus, daß auch bei Einzelbauten, Erweiterungen oder Instandsetzungen eine erfolgreiche Unterteilung stattfinden kann.

5. Der Erfolg — höhere Leistung und geringere Kosten

Diese Unterteilung der Arbeiten in

Werkstattarbeiten und
Baustellenarbeiten

bringt an sich schon — unter Voraussetzung einer technisch einwandfreien Arbeitsvorbereitung — Einsparungen mit sich.

Die Einbauzeiten an der Baustelle werden verkürzt. Es sind also weniger Wegzeiten, Fahrgelder, Auslösungen usw. erforderlich als seither. Gleichzeitig kann mit der verfügbaren Zahl von Rohrlegerkolonnen eine größere Leistung vollbracht werden. Die Werkstattarbeiten können von un- oder angelernten Kräften ausgeführt werden. Die Aufsicht übernehmen ältere Facharbeiter, die für den Baustelleneinsatz nicht mehr geeignet sind. Neben den hier gegebenen arbeitseinsatzmäßigen Vorteilen stehen die geringeren Lohnkosten der Werkstattarbeit.

6. Ein Streiflicht zur Durchführung der unterteilten Fertigung

Die Werkstattarbeiten werden das Zuschneiden der Rohre, das Schneiden der Gewinde, Ausführung von Schweißarbeiten sowie das

Zusammenbauen von einzelnen Rohrleitungsteilen zu Einbauelementen umfassen.

Das Schneiden der Gewinde kann durch Einsatz von elektrisch betriebenen Gewindeschneidmaschinen wesentlich beschleunigt werden (Bild 6).

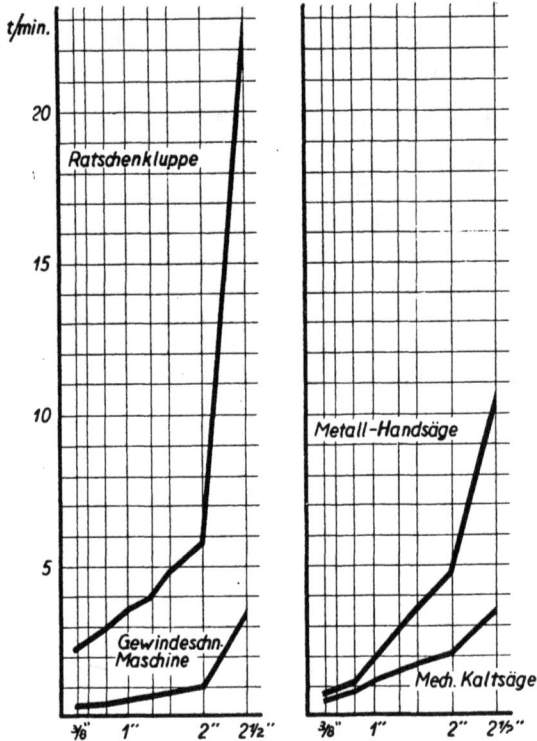

Bild 6. Vergleich der Fertigungszeiten bei Maschinen- und Handarbeit.

Vergleich zwischen den Arbeitszeiten beim Schneiden eines Rohrgewindes auf längere Rohrstücke mit der Ratschenkluppe und mit der Gewindeschneidmaschine.
(Die Zeiten sind Durchschnittswerte für das Schneiden eines Gewindes einschließlich Aufnehmen, Einspannen, Schneiden, Kontrollieren, Ausspannen und Ablegen des Rohres).

Vergleichszeiten für das Absägen von Gewinderöhren einschließlich Aufnehmen, Ein- und Ausspannen sowie Ablegen der Rohre.

Für das Wechseln eines Sägeblattes kann gesetzt werden:
Metallhandsäge 1.50 min
Mech. Kaltsäge 5.00 »

Für das Wechseln und Reinigen der Schneidbacken kann gesetzt werden:
Kleine Kluppe . . . . 3.50 min
Große Kluppe . . . . 4.00 »
Gewindeschneidmaschine . . . 12.00 »
Umstellen des Gewindekopfes . 4.00 »

Unter Berücksichtigung der seitherigen Arbeitsweise würde allein das Schneiden der Gewinde für die Gas- und Wasserleitungen des sozialen Wohnungsbauprogramms etwa 3 Stunden je Wohnung an Arbeitszeit erfordern, d. h. es wären hierfür jährlich 1 800 000 Arbeitsstunden aufzuwenden. Durch den Einsatz von Gewindeschneidmaschinen läßt sich diese Zeit, vorsichtig gerechnet, auf 1 Stunde je Wohnung herabsetzen,

d. h. es sind jährlich hierfür nur 600000 Arbeitsstunden aufzuwenden. 750 Arbeitskräfte werden dadurch im Jahr für andere Arbeiten frei.

Das Zuschneiden der Rohre läßt sich in der Wersktatt ebenfalls unter Einsparung von Arbeitszeit maschinell durchführen (siehe Bild 6).

Der gleichmäßige Zusammenbau der Rohrleitungselemente kann durch Schaffung geeigneter Lehren überprüft werden. Auf Großbaustellen wird sich der Einsatz von elektrisch betriebenen Gewindeschneid- und Rohrtrennmaschinen ebenfalls durchführen lassen. Auf kleineren Baustellen oder wenn keine Möglichkeit zum Anschluß des Elektromotors gegeben ist, können die wenigen Paßstücke auch von Hand geschnitten werden.

Zum Anzeichnen der Dübel für die Einrichtungsgegenstände können Lehren Verwendung finden, so daß das zeitraubende Aufreißen der einzelnen Dübellöcher in Wegfall kommt.

Wenn hier in gegenseitiger laufender Zusammenarbeit alle gegebenen Möglichkeiten ausgeschöpft werden, so ist mit einer beträchtlichen Herabsetzung der Gesamtarbeitszeit gegenüber der seitherigen Arbeitsweise zu rechnen.

Bild 7. Anschlußleitungen an Heizkessel, Apparate und sonstige Einrichtungsgegenstände eignen sich besonders zur werkstattmäßigen Vorbereitung

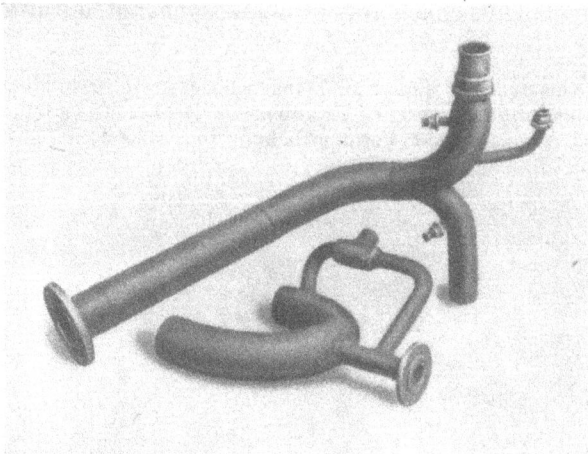

Bild 8. Werkstattmäßig hergestellte Rohrleitungsteile zu Heizungsanlagen in Schnelltriebwagen der DRB

7. Der Reichsarbeitsdienst als Wegbereiter

Daß dieser Ausblick keine Utopie darstellt, hat kurz vor Drucklegung des Buches Arbeitsführer Dipl.-Ing. J. Stangelmayer durch eine Veröffentlichung im »Gesundheits-Ingenieur« bewiesen, in der er über die beim Reichsarbeitsdienst in über 9 Jahren gesammelten Erfahrungen in der werkstattmäßigen Vorbereitung von gesundheitstechnischen Anlagen berichtet.

Stangelmayer schreibt hierüber u. a.:

> »Der Reichsarbeitsdienst hat diese Technik (die Technik der unterteilten Fertigung) seit 1933, also seit 9 Jahren, bei seinem Unterkunftsbau eingeführt und damit schöne Erfolge erzielt. Dabei handelt es sich bei den genormten, in der Werkstatt fertig hergestellten gesundheitstechnischen Anlagen des Reichsarbeitsdienstes nicht um kleine Rohrnetze für Bad und Küche von Wohnungen, sondern um die gesamten Rohrnetze der Kalt-, Warmwasser- und Warmwasserheizungsanlage für 200 Mann, die in einem einzigen Gebäude, dem sog. Waschhaus zusammengefaßt sind. Die Forderungen, die der Reichsarbeitsdienst bereits 1933 für derartige Einrichtungen aufstellte, waren damals teilweise bereits weitgehender als sie der Wohnungsbau heute stellt. Es wurde nicht nur verlangt, daß die große Zahl der verschiedenen Einzelteile, ganz gleich welche Firmen sie geliefert hatten, unter sich austauschbar waren, sondern es wurde auch die Aufgabe gestellt, die gesamte Einrichtung so zu gestalten, daß sie mehrmals ein- und auszubauen war.«

Es ist das Verdienst von Generalarbeitsführer Dipl.-Ing. Künzel, die auf seine Anregung hin in die Wege geleitete werkstattmäßige Vorbereitung von Rohrleitungen im Rahmen der RAD.-Bauten mit seinen Mitarbeitern zu einer solchen Höhe entwickelt zu haben, daß die beträchtlichen Anforderungen des RAD. durch eine verhältnismäßig kleine Zahl von Rohrleitungsfirmen befriedigt werden können. Daraus erklärt sich auch, daß diese wegbereitenden Arbeiten in aller Stille vor sich gingen und der Öffentlichkeit erst durch obengenannten Aufsatz bekannt wurden[1]).

---

[1]) Herrn Generalarbeitsführer Dipl.-Ing. Künzel sowie Arbeitsführer Dipl.-Ing. Stangelmayer bin ich für die erteilte Erlaubnis zur Benutzung verschiedener Unterlagen des RAD. in vorliegender Veröffentlichung zu besonderem Dank verpflichtet.

III. Die Größe der Aufgaben

Zum besseren Verständnis der dringenden Notwendigkeit einer Änderung der Arbeitsweisen ist, es angebracht, einmal die Größe der zukünftigen Aufgaben herauszustellen.

Während im Jahre 1938 das Bauvolumen in Deutschland 13 Milliarden RM. betrug, wird das Gesamtbauprogramm für das erste Nachkriegsjahr einschließlich Werk- und Wehrbauten etwa 28 bis 30 Milliarden betragen (4). Das bedeutet mehr als nur eine Verdoppelung des Arbeitsanfalles — auch für den Rohrleitungsbau.

Der Bedarf an Neubauwohnungen wird heute für das Vorkriegsdeutschland mit 5 bis 6 Millionen angenommen. Dieser Bedarf soll in absehbarer Zeit unter Berücksichtigung des ebenfalls »angestauten« Bedarfs von Partei, Wehrmacht und Industrie gedeckt werden. Die Erstellung neuer Stadtviertel, Dörfer und Städte erfordert gleichzeitig zahlreiche Großbauten der öffentlichen Verwaltung und Körperschaften. Daneben soll der Landarbeiterwohnungsbau mit allem Nachdruck weiter betrieben und nach dem Kriege bevorzugt berücksichtigt werden.

Im Rahmen des sozialen Wohnungsbauprogramms sollen jährlich 5—600000 Wohnungen erstellt werden. Das bedeutet, daß das gesamte Programm in etwa 10 Jahren abgewickelt werden soll.

Das Bauprogramm für das erste Friedensjahr ist vom Führer selbst auf 300000 Wohnungen festgelegt worden. Annähernd die Hälfte dieses Programms wird von der deutschen Industrie, deren Bedarf an Werkswohnungen immer mehr ansteigt, gefördert werden (5).

Wie der Gauleiter von Hannover, Hartmann Lauterbacher, betonte, steht der Wohnungsbau in der Dringlichkeitsliste nach dem Kriege an erster Stelle. Erst nach Durchführung aller Pläne des sozialen Wohnungsbaues werden die Aufgaben der baulichen Neugestaltung an öffentlichen Gebäuden, Dienststellen des Staates und der Partei in Angriff genommen werden (6).

Für die Durchführung des Bauprogramms werden auch bereits Dringlichkeitsgebiete genannt. So wird der deutsche Osten in der Bauausführung an der Spitze marschieren (5). Alle Reichsgaue des Westens und der Mitte werden ihre Interessen den Bedürfnissen der Ostgaue entsprechend einordnen müssen. Die übervölkerten Industriegebiete werden ebenfalls einer bevorzugten Einreihung bedürfen. Hier hat besonders der rheinisch-westfälische Industriebezirk den verhältnismäßig größten Bedarf aller Industriegebiete aufzuweisen.

Nach dem Führererlaß soll der Wohnungsbau in der Form der Geschoßwohnung, des Eigenheims (mit Gartenzulage) und der Kleinsiedlung (mit Wirtschaftsteil und Landzulage) erfolgen.

Bild 9. Urinal- und Waschanlage in einer Großgaststätte. Genaue Planung, ausführliche Maßskizzen der Einrichtungsgegenstände sowie Lehren für sich wiederholende Arbeiten — erleichtern und beschleunigen die Fertigstellung derartiger Anlagen

Die Wohnungen sollen mit Duschraum und getrenntem Abort ausgestattet werden.

Die Frage ».... ob nur Duschraum oder auch Wannenbad ?« wurde dahingehend entschieden, daß da, wo die Wanne nicht entbehrt werden soll, auch ein Wannenbad erstellt werden kann. Nachdem sich auch die Ärzte mehr für das Wannenbad aussprechen, wird dieses wohl in den meisten Fällen den Vorzug erhalten (7).

Die Wohnungsbauten sollen nicht nur die durch den Führererlaß quadratmetermäßig herausgestellten Mindestgrößen umfassen, sondern auch größere Wohnungen für gehobene Wohnansprüche.

Um den heimkehrenden Frontsoldaten sowie den Kriegsopfern sobald wie möglich gesunde und gute Wohnungen zur Verfügung stellen zu können, soll in den ersten Jahren nach dem Kriege der Bau von

Stockwerkswohnungen in zwei- und fünfgeschossigen Bauten in den Vordergrund rücken. In einzelnen Großstädten werden 6-, 7- und mehrgeschossige Häuser geplant. Bei Häusern mit 4 und mehr Geschossen wird die Anlage eines Aufzuges, eines Müllschachtes sowie von Abstellräumen für Kinderwagen im Erd- oder Untergeschoß in Erwägung gezogen (8).

Die Ausstattung der Küchen- und Gesundheitszellen gibt Mengeringhausen einmal wie folgt an (9):

Küchenzelle: Küchenherd für Kohle, Gas oder Elektrizität; ein Spülausgußbecken und ein Speiseschrank mit der Möglichkeit des sofortigen oder späteren Einbaues eines Kühlschrankes.

Gesundheitszelle: Spülabort, Badewanne, Warmwassergerät für Kohle, Gas oder Elektrizität und Waschbecken.

Zentralheizung und Warmwasserversorgung können nicht überall eingebaut werden. Es ist deshalb für alle Typenentwürfe Einzel- bzw. Kachelofenheizung vorgesehen. Durch Fortlassen bzw. Zusammenfassung einzelner Kamine ist jedoch jede Type auch für den Einbau von Zentralheizung umzuwandeln. Häuser von mehr als zwei Stockwerken sollen stets mit Zentralheizung ausgestattet werden, um unnötigen Kraftaufwand für das Kohlen- und Aschetragen zu vermeiden (10).

Mit diesen Angaben ist die Größe der kommenden Aufgaben auch für den haustechnischen und allgemeinen Rohrleitungsbau roh umrissen — und es besteht kein Zweifel, daß es der Anstrengung aller Beteiligten bedarf, um diese ungeheuren Aufgaben neben den laufenden Arbeiten zu meistern.

IV. Versuchsarbeiten

Das Führerprogramm sieht in Abschnitt VIII unter anderem auch vor, ». . . daß in praktischen Versuchen größeren Ausmaßes Methoden zu entwickeln sind, die eine Beschleunigung und Verbilligung des Bauvorganges gestatten.«

Forschung auf installationstechnischem Gebiet erscheint leider vielen Beteiligten als völlig überflüssig. »Es ist ja alles so einfach« — und weil man sich von diesem Gedanken leiten ließ — »leider auch so wenig bekannt« (siehe seitherige Arbeitsweise).

Wie Mengeringhausen in einem Aufsatz »Praktische Ergebnisse der Werkstoffumstellung in der Haustechnik« (11) ausführte, muß die Forschung auch auf dem Gebiet der Haustechnik am Anfang rein wissenschaftlich und unabhängig von Tagesfragen um der Ergebnisse selbst weitergetrieben werden, d. h. erst müssen Ergebnisse gesammelt und gesichtet werden, bevor man über die wirtschaftliche Auswirkung irgendeiner Umstellung reden kann. Diese Sichtung und Sammlung von Ergebnissen ist im haustechnischen Rohrleitungsbau schon seit längerer Zeit im Gange.

Der Reichskommissar selbst hat sich hierzu in der »Deutschen Akademie für Wohnungswesen, Forschungsstelle beim Reichskommissar für den sozialen Wohnungsbau zur Erzielung von Höchstleistungen im Wohnungs- und Siedlungswesen« ein Institut geschaffen, zu dessen Arbeitsgebiet unter anderem auch die Typung und Normung von Bauteilen, die Planung der Mechanisierung des Bauvorganges sowie Arbeiten auf dem Gebiet der Bauordnung und Baupolizei gehören.

Versuchsarbeiten sollen aber nicht allein von den hierzu beauftragten staatlichen Stellen durchgeführt werden. Im Sinne der nationalsozialistischen Wirtschaftsauffassung haben auch die beteiligten Industrien und Handwerkskreise die Pflicht, von sich aus laufend alle Möglichkeiten zu prüfen, die zur Vereinfachung und rascheren Durchführung der gestellten Aufgaben beitragen können.

Das bedeutet gleichzeitig, daß die Ergebnisse dieser Arbeiten nicht als »persönliches Berufsgeheimnis« betrachtet werden können, sondern in irgendeiner Form der Allgemeinheit zugute kommen müssen.

So, wie sich in der Industrie z. T. Erfahrungsgemeinschaften zwischen interessierten »Konkurrenzfirmen« oder Mitgliedern von Wirtschaftsverbänden gebildet haben, die selbst innerbetriebliche Leistungsvergleiche durchführen, so müssen sich auch im Rohrleitungsbau Interessengemeinschaften finden, in denen die Ergebnisse der Praxis ausgewertet und im Sinne einer Leistungssteigerung allen Firmen zugänglich gemacht werden. Je zentralisierter dieser Erfahrungsaustausch zusammengefaßt wird, um so erfolgreicher wird seine Arbeit für die Allgemeinheit sein.

V. Normung, Typisierung, Rationalisierung

Normung. Wenn die Anschlüsse an Heizkesseln verschiedener Herkunft, aber gleicher Bauart und Heizfläche unterschiedliche Höhenmaße oder Anschlußweiten aufweisen,

jeder Einrichter die Waschtische in der von ihm für richtig befundenen Höhe einbaut,

Badeofenanschlüsse und Badebatterien in unterschiedlichen Höhen angebracht werden,

Armaturen verschiedene Baulängen aufweisen usw.,

dann läßt sich keine wirtschaftliche Erstellung mehrerer gleichartiger Anlagen durchführen. Aus diesen Erkenntnissen heraus haben auch die zuständigen Stellen die Normung dieser verschiedenen Bauteile und Baumaße bereits in die Wege geleitet und zum Teil auch schon abgeschlossen.

Normung ist — nach der Begriffsbestimmung des Deutschen Normenausschusses (12) ein umfassender Begriff für die Regelung einer Vielzahl von Erscheinungen, um eine möglichst eindeutige und sinnvoll abgestimmte Ordnung zu erreichen. Eine Norm ist die gleiche Lösung einer sich wiederholenden Aufgabe.

Die Normen können ein oder mehrere Elemente umfassen, wie Begriffe, Benennungen, Bezeichnungen, bildliche Darstellungen, Bildzeichen Kennzeichen, Einheiten, Arten, Formen und Abmessungen, Stoffe, Genauigkeiten, Prüfverfahren, Lieferarten, die Rechnungs- und Abrechnungsverfahren, Vordrucke und Formblätter, Bau- und Betriebsanweisungen, Sicherheitsbestimmungen. Wird nur eines dieser Elemente einheitlich festgelegt, so spricht man von Begriffsnormung, Artnormung, Größennormung, Maßnormung, Stoffnormung, Vordrucknormung.

Nach diesen Richtlinien sind auch für die Haustechnik und den Rohrleitungsbau zahlreiche Normen schon seit Jahren oder erst in jüngster Zeit festgelegt worden[1]).

Noch etwas anderes muß hier beachtet werden: Auch bei einer Art Reihenerzeugung von Neubauten lassen sich Unterschiede in den Raum-

---

[1]) Röhrennormen, Fittingsnormen, Bau- und Betriebsnormen für Wasserleitungsanlagen, Normen für Armaturen usw. Ein Verzeichnis der wichtigsten Normen ist im Anhang zusammengestellt.

abmessungen nicht ganz vermeiden. Wenn diese auch kleiner sein werden als bei der seitherigen Einzelbauweise, so sind diese Abweichungen doch von vornherein in Rechnung zu stellen, zumal sie dreidimensional auftreten. Dies bedingt aber andererseits, daß die Abweichungen keine Beeinflussung durch Verwendung verschiedener Erzeugnisse von an sich gleichartigen Einbauteilen erfahren dürfen, da hierdurch die ganze Um-

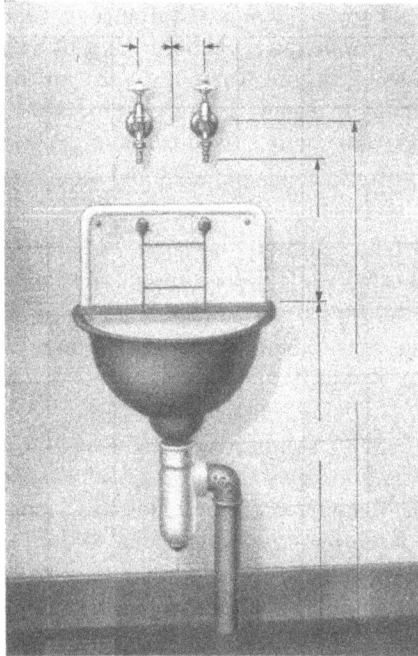

Bild 10. Werkstattmäßige Fertigung bedingt nicht nur eine Normung der Einbauteile sondern auch der Einbaumaße. So muß der Abstand zwischen Zapfhahnen und Abstellgitter bei Ausgußbecken ein bestimmtes Maß aufweisen, damit ein Eimer bequem abgestellt werden kann. Die Höhe vom Fußboden bis Abstellgitter soll wiederum ein bestimmtes Maß haben, damit für das Abheben des gefüllten Eimers nicht zu viel Kraft aufgewendet werden muß. Erschwert wird diese Normungsarbeit nicht zuletzt durch die unterschiedliche Größe der Menschen*)

*) Wertvolle Vorarbeit hat hier Prof. E. Neufert in seiner »Bau-Entwurfslehre« geleistet.

stellung der Arbeitsweise in Frage gestellt wäre. Für die Verbraucher von Industrieerzeugnissen — in diesem Fall Rohrleger und Einrichter — erwächst hieraus die Verpflichtung, nur genormte Teile zu verwenden.

Wie das Präsidium des Deutschen Normenausschusses in einem Aufruf an die Führer der gewerblichen Wirtschaft betonte (13), ermöglicht nur die Normung Massenfertigung und Höchstleistung der Erzeugung und Verteilung.

»Höchstleistung schafft Raum und hohe Lebenshaltung für ein wachsendes Volk, sie hebt seine Schlagkraft im Krieg und im Frieden.

Die Normung ist Freund und Diener jedes neuen, erschaffenden Gedankens, der zu Gebrauchs- und Verbrauchsgütern und zu Leistungen des Reihen- und Massenbedarfs gestaltet werden soll.

Diese Erkenntnis verpflichtet jeden, sei er Gestalter, Erzeuger, Verteiler, Verbraucher, Verwalter oder Wissenschaftler, zu seinem Teil zur Aufstellung von Normen sein Bestes beizutragen und die fertigen Normen wo immer möglich und folgerichtig anzuwenden.«

Typisierung. Durch Gemeinschaftsarbeit der Beteiligten wird dem Oberbegriff »Normung« auch noch der Begriff »Typung« oder »Typisierung« angeschlossen, d. h. die Normung wird auf die beiden Elemente »Arten« und »Größen« bezogen. Dadurch entstehen bestimmte »Heizkörpertypen«, »Badeofentypen«, »Badewannentypen« usw.

Typung und Normung schließen sich also nicht gegenseitig aus, sondern ergänzen sich vielmehr.

Rationalisierung. Rationalisierung wird heute groß geschrieben. Kurz ausgedrückt besagt sie: »Mit sinkenden Kosten — mehr leisten mehr herstellen, mehr bauen!«

Rationalisierung, das bedeutet die Erfüllung der großen sozialen und wirtschaftlichen Zukunftspläne (14).

Und der Weg? — Nicht mehr von tausend Mustern je einige 10 oder 100 Stück im Jahr — sondern von 10 oder 100 Mustern (falls diese notwendig sein sollten) einige tausend, ... zigtausend oder noch mehr herstellen und dieses Mehr nach Möglichkeit mit weniger Arbeitskräften. Denn die absolute Knappheit an Menschen zwingt dazu.

Das bedeutet Rationalisierung der Arbeitsmethoden — nachdenken darüber, wie dieses oder jenes noch einfacher, rascher, besser und billiger gemacht werden kann.

G. Seebauer, der Leiter des Reichskuratoriums für Wirtschaftlichkeit, kleidete diese Forderung einmal in die Worte:

»...Es muß zu einer Selbstverständlichkeit für alle Betriebe werden, daß bei jeder Arbeit nicht mehr Arbeiter beschäftigt werden, als betriebstechnisch notwendig und volkswirtschaftlich vertretbar ist (15).«

Diese Rationalisierungswelle wird auch vor Haustechnik und Rohrleitungsbau nicht halt machen, denn die Lieferwerke stehen bereits mitten drin. So schrumpfen z. B. die Badewannenmodelle auf einen geringen Hundertsatz der seitherigen Modelle zusammen. Die Fittingsindustrie hat ca. 3000 Muster aus ihren Lieferlisten gestrichen, die Armaturen für Wasser, Gas und Heizung werden den praktischen Anforderungen entsprechend wesentlich vereinfacht usw. (16). Es bleibt hier auch nicht dem einzelnen überlassen, ob er sich diesen Wegen anschließen will. Denn es ist unverkennbar, daß die staatlichen Stellen für eine verbindliche Normung, Typenbeschränkung und Standardisierung auf den verschiedensten Gebieten starkes Interesse zeigen. Und das ist gut so. Denn darin liegt die Gewähr, daß ganze Arbeit geleistet wird.

Arbeiten, die auf anderen Wirtschaftsgebieten schon seit Jahren befruchtend wirken, werden damit auch für den Rohrleitungs- und insbesondere für den Wohnungsbau nutzbar gemacht.

Das soll nun nicht heißen — Modelleinschränkung um jeden Preis. Wie die in Bild 18 bis 25 dargestellten Beispiele zeigen, ist es auch hier notwendig, die Forderungen der Zeit mit den praktischen Anforderungen in Einklang zu bringen, um nicht durch die Streichung eines Modelles einen Mehraufwand an Arbeitszeit, Materialgewicht und Geld in Kauf nehmen zu müssen.

Der Rationalisierung in der Herstellung wird auch eine Rationalisierung der Unternehmen selbst nachfolgen. So geht das Ziel z. B. im Wohnungsbau dahin, Unternehmungen zu schaffen, die ausschließlich im Wohnungsbau tätig sind, und zu auskalkulierten Preisen immer wieder die gleichen Typen bauen (17). Zu diesem Zweck wird das Bauhandwerk in »Arbeitsgewerke« zusammengeschlossen, die treuhänderisch die Bauausführung in technischer, kaufmännischer und arbeitsausführender Hinsicht übernehmen. Bei vollkommener Selbständigkeit ihrer Mitglieder haben sie für ein reibungsloses Zusammenarbeiten und einen pausenlosen Baufortschritt zu sorgen.

Rationalisieren — das bedeutet letzten Endes nicht nur von der betriebswirtschaftlichen Seite her eine Leistungssteigerung anzustreben, sondern auch den Menschen zur aktiven Mitarbeit und damit zur Arbeitsbestleistung zu erziehen. Eine Tatsache, auf die ich später noch eingehender zu sprechen kommen werde.

Der Deutsche Verein von Gas- und Wasserfachmännern darf sich rühmen, bereits frühzeitig durch seine im Jahre 1882 erfolgte Aufstellung der »Gußrohr-Normalien« einen wertvollen Beitrag zum Normungsgedanken geleistet zu haben.

VI. Arbeiten am Zeichenbrett

Leistungssteigerung — darüber nachdenken, wie etwas besser gemacht werden kann —, das ist Arbeit für die Konstrukteure, Arbeit am Zeichenbrett.

Es gilt nicht nur ganze Anlagen in ihrem Aufbau, ihrer Wirkungsweise und Bedienung zu vereinfachen, sondern dieses »Bessermachen«

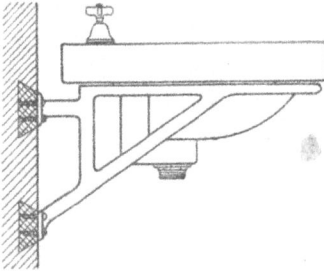

Bild 11.
Zur Befestigung der Waschtischträger
waren früher vier Dübel notwendig

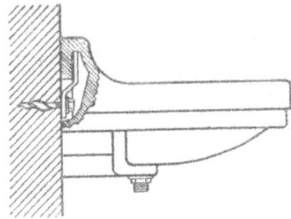

Bild 12.
Der »konsolenfreie« Waschtisch wird
mit seinen eingegossenen Vertiefungen
auf zwei Wandhaken gesetzt. DieTragstütze liegt an der Wand an und hält
den Tisch in seiner waagerechten Lage

muß bereits bei den kleinen Konstruktionsteilen einsetzen. Den Weg hierzu zeigte z. B. in der Vergangenheit die keramische Industrie in der folgerichtigen Entwicklung der Waschbecken.

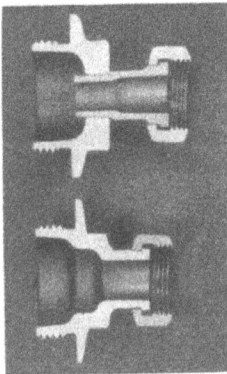

Bild 13. Heizkörper-Anschlußstücke u. Verschraubungsteile in seitheriger und neuer Ausführung

Vier Dübel waren früher zur Befestigung der Waschtischkonsolen notwendig (Bild 11). 2 kg Gußeisen mußte für die Konsolen selbst aufgewendet werden. Heute halten zwei kleine Tempergußwandhaken, an zwei Dübeln befestigt, den Waschtisch »konsolenfrei« und sicher fest (Bild 12).

Die Geruchverschlüsse mußten bis vor einigen Jahren an die Waschtische »anmontiert« werden. Heute werden sie z. T. direkt angeformt.

Ein anderes Beispiel: Die Heizkörperverschraubungen werden jetzt noch in die Anschlußstücke eingedichtet. Unter gleichzeitiger Materialeinsparung kann die Arbeit durch ein neu konstruiertes Anschlußstück vereinfacht und wesentlich beschleunigt werden (Bild 13).

Wie durch eine zweckmäßige Gestaltung der Gaszählerinstallation Ersparnisse an Unkosten und Arbeitszeit erzielt werden können, wurde durch die bei allen größeren Gaswerken erfolgte Einführung von einheitlichen Gaszähler-Anschlußvorrichtungen bewiesen (eine Maßnahme, die erst durch Normung der Gaszähler ermöglicht wurde).

Während früher der Gaszähler zwischen Steigestrang und Verbrauchsleitung unter Verwendung von Fittings, Paßstücken und Haupthahn eingebaut wurde, beschränkt sich die Arbeit des Gaswerkrohrlegers bei Verwendung von einheitlichen Gaszähleranschlußplatten auf das Eindichten der Verschraubungen und das Festschrauben des Zählers. Durch diese Vereinfachung konnte unter gleichzeitiger Einsparung von Material die Einbauleistung eines Rohrlegers und Helfers je Tag und Rohrleger wesentlich gesteigert werden (18).

So wirkt die unscheinbare und stille Arbeit am Zeichenbrett mit an der Leistungssteigerung und Materialeinsparung — vom kleinsten Einbauteil bis zur fertigen Anlage.

VII. Planung

1. Vorbedingung — Zusammenarbeit

Vorbedingung jeder Planung ist, daß über das, was geplant werden soll, zwischen allen Beteiligten eindeutige Klarheit herrscht.

Wenn dieser Grundsatz in die Praxis umgesetzt werden soll, so bedarf es schon beim ersten Entwurf des Architekten einer engen Zusammenarbeit mit dem Gesundheitstechniker, damit sowohl die Rohrleitungen als auch die Einrichtungsgegenstände organisch in das Bauganze eingegliedert und nicht erst nachträglich, wie das jetzt leider immer wieder der Fall ist, als notwendiges Übel eingefügt werden (19).

Wie weit durch nachträgliche Änderungen die Gesamtarbeitszeit einer Anlage erhöht werden kann, kommt in Bild 5 (tvf) deutlich zum Ausdruck.

Die Möglichkeiten zur Beschleunigung und Verbilligung müssen durch eine zielbewußte Planung der Anlagen gefördert werden. Ein Hilfsmittel hierzu bildet die Einbeziehung des im Abschnitt »Arbeitsvorbereitung« angegebenen Fragebogens in die Planungsarbeit.

2. Sorgfältige Planung beschleunigt die Einbauzeiten

Mit welcher Sorgfalt die Planung von Rohrleitungen zum Teil in Amerika gehandhabt wird, kommt in dem Aufsatz (20) von Dipl.-Ing. F. Vanderweil über »Das Parkchester-Housing Projekt in New York-City« zum Ausdruck. Der Verfasser schreibt u. a.:

> »Die Ausarbeitung der Pläne wurde mit einer Sorgfalt getroffen, die für europäische Verhältnisse geradezu ungewöhnlich erscheint. Der erste Bauleiter erhält Pläne, in welchen jedes einzelne Rohr in seiner genauen Länge eingetragen ist.
>
> Obenhin ist auch der Abstand der Rohre von den zwei nächstliegenden Trägern in den Plänen eingetragen, so daß die Lage der Rohre auf $^1/_{16}''$ (1,587 mm) genau (in bezug auf das Stahlskelett und, wo ein solches nicht vorhanden, in bezug auf die Außenwände) festgelegt ist.
>
> Hierdurch war es möglich, sämtliche Steigleitungsrohre bereits zugeschnitten und mit Gewinden versehen vom Werk zu beziehen. Hingegen wurde die Kellerverteilungsleitung auf dem Bau selbst mit vier elektrisch betriebenen Gewindeschneidmaschinen zugeschnitten.«

Aber nicht nur in Amerika, sondern auch bei uns in Deutschland wurde von einigen Firmen schon vor Jahren und Jahrzehnten anläßlich

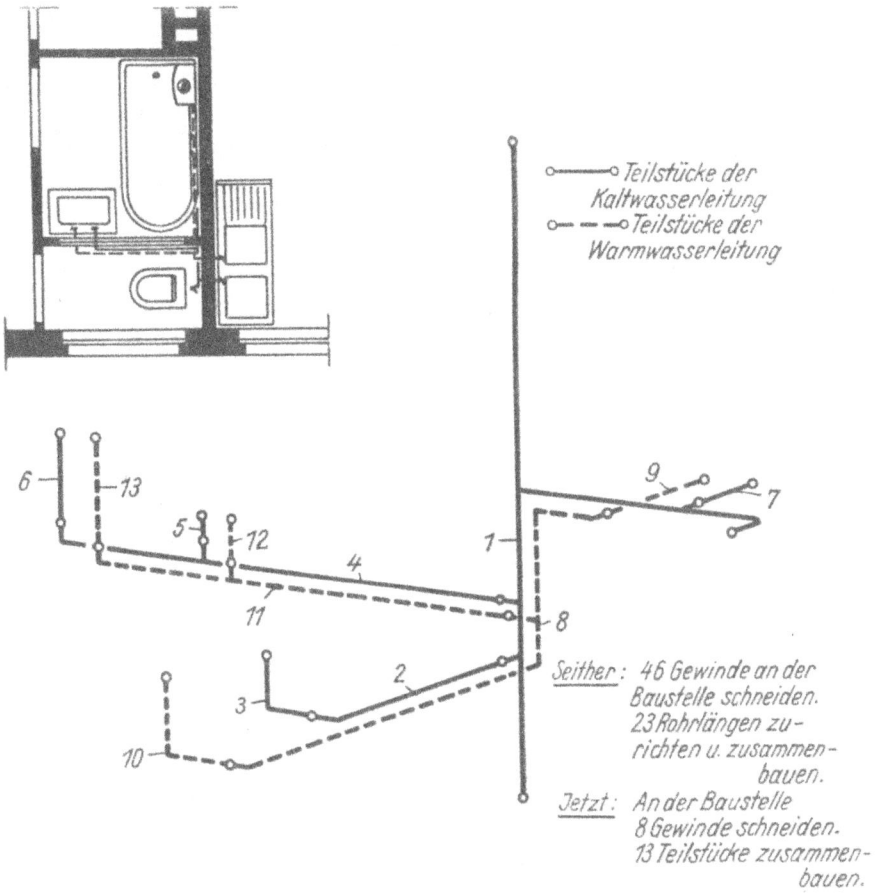

Teilstücke der
Kaltwasserleitung
Teilstücke der
Warmwasserleitung

6 — 13

5 — 12

4

11

1

9 — 7

8

2

3

10

Seither: 46 Gewinde an der
Baustelle schneiden.
23 Rohrlängen zu-
richten u. zusammen-
bauen.

Jetzt: An der Baustelle
8 Gewinde schneiden.
13 Teilstücke zusammen-
bauen.

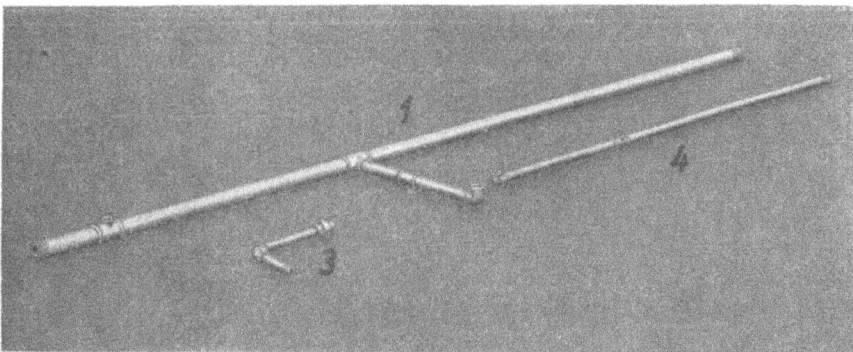

Bild 14 u. 15. Schematische Darstellung der Unterteilung einer Kalt- und Warmwasserleitung
bei werkstattmäßiger Vorbereitung des Einbaues

3*

der Ausführung besonderer Bauten sehr sorgfältig geplant. So hat z. B.
eine Stuttgarter Firma — um nur ein Beispiel zu nennen — anläßlich
der Ausführung eines umfangreichen Hotelneubaues einen ihrer Sachbearbeiter ein Vierteljahr in das Baubüro des Architekten versetzt, um
dort in gemeinsamer Arbeit mit den Baufachleuten die zweckmäßigste
Leitungsführung, Anordnung von Rohrkanälen, Wand- und Deckendurchbrüchen festzulegen. Da es sich um einen Stahlskelettbau handelte,
war diese Arbeit besonders wichtig. Der Erfolg dieser Gemeinschaftsarbeit zeigte sich darin, daß Träger noch vor Baubeginn anders angeordnet werden konnten, um so für das umfangreiche Rohrnetz freie Wege
zu schaffen und dessen späteren Einbau in keiner Weise zu behindern.

3. Berücksichtigung der unterteilten Fertigung

Es ist verständlich, daß die Frage der Unterteilung nicht erst bei
Arbeitsbeginn geklärt werden darf, sondern daß vielmehr bereits bei
der ersten Angebotsplanung diese Unterteilung berücksichtigt werden
muß.

Bei der seitherigen Planungsarbeit hielt der Sachbearbeiter die ge-
plante Leitungsführung in den Entwurfsplänen so fest, wie sich dies
auf Grund der Berechnungen, der vom Architekten vorgesehenen Stellung
der Einrichtungsgegenstände und einer fachgerechten, kürzesten und
zweckmäßigsten Leitungsführung ergab. Zusätzlich hat sich nun der
Entwerfer die Fragen vorzulegen: »Wie kann ich die geplanten Leitungen
werkstattmäßig vorbereiten? Bringt eine Änderung in der vorgesehenen
Stellung der Einrichtungsgegenstände hier irgendwelche Vorteile?
Welche Unterteilungen sind möglich?« Genaue Maßschwankungen usw.
sind hierbei noch ohne Belang. Es ist aber wahrscheinlich, daß im einen
oder anderen Fall Änderungen in der · Leitungsführung, geringe Ver-
schiebungen an der Anordnung von Abzweigestücken usw. notwendig
werden, um einfache, leicht einbaubare Rohrleitungselemente zu erhalten.
Wie derartige Unterteilungen vorgenommen werden können, zeigt
Bild 14 und 15 an einem Beispiel aus dem Wohnungsbau. Auf die
Punkte, die bei der Unterteilung zu beachten sind, komme ich im Abschnitt »Arbeitsvorbereitung« noch besonders zu sprechen.

4. Kurz berichtet: »Installationswand«

Für die Zwecke des sozialen Wohnungsbaus gehen die Planungs-
arbeiten zum Teil weit über das Maß des seither in der Haustechnik
üblichen hinaus. So haben verschiedene Stellen Installationswände oder
Installationszellen entworfen, die werkstattmäßig hergestellt, Zu- und
Ableitungen einschließlich fertigen Geräteanschlüssen, Befestigungs-
haken usw. enthalten (21). Diese Einbauelemente sollen am Bau z. B.
als Teil der Trennwände zwischen Küche und Bad eingesetzt und die
Verteilungsleitungen mit den Steigsträngen verbunden werden. Der-

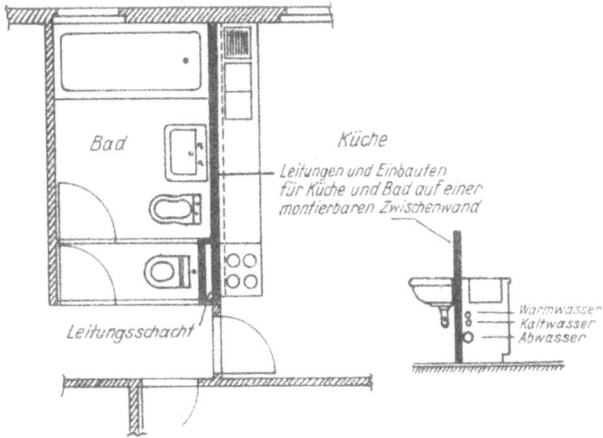

Bild 16. Beispiel einer Installationswand (Amerikanische Standard-Küche) (22)

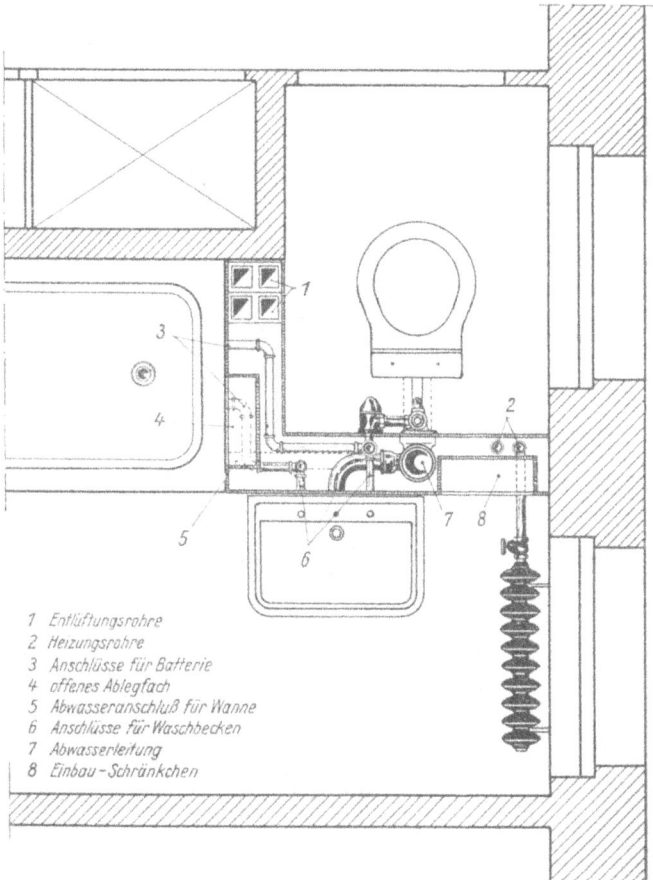

1 Entlüftungsrohre
2 Heizungsrohre
3 Anschlüsse für Batterie
4 offenes Ablegfach
5 Abwasseranschluß für Wanne
6 Anschlüsse für Waschbecken
7 Abwasserleitung
8 Einbau-Schränkchen

Bild 17. Gesundheitszelle mit Installationswand (Leitungen, Abluftkanäle usw. sind hier in der Wand untergebracht)

artige Bauteile würden das höchst erreichbare an Rationalisierung in
der Haustechnik darstellen. Da die Anschlußabweichungen der Rohrleitungen hierbei in engsten Grenzen gehalten werden können, verdienen
sie besondere Beachtung. Allerdings können diese Installationswände
nur dann Verwendung finden, wenn Küche und Bad unmittelbar anein-
anderstoßen.

Bild 16 zeigt die in Amerika übliche Ausführung derartiger Installationswände. Hierbei werden die Steigestränge in einem besonderen
Leitungsschacht, die Verteilungsleitungen jedoch frei an der montier-
baren Zwischenwand verlegt.

Bild 17 zeigt eine Installationswand bei der Zu- und Abflußleitungen,
Abluftkanäle usw. innerhalb der Wand untergebracht sind.

5. Planungen für den sozialen Wohnungsbau

Die Planung für die verschiedenen Bautypen des sozialen Wohnungsbaus wird nun dadurch erleichtert, daß die Leitungsführung und
Stellung der Einrichtungsgegenstände in Versuchsbauten auf den
material- und arbeitsmäßig einfachsten Nenner gebracht wird. Die
Einrichter bzw. Arbeitsgemeinschaften brauchen also diese Standard-
ausführung lediglich nachzubauen. Unter Planung — für den Einrichter
— ist in diesem Falle weniger die konstruktive Gesamtplanung (diese
wird ihm ja abgenommen) als eine planmäßige Arbeitsvorbereitung zu
verstehen.

Wie weit — bei gleicher Ausführung, aber unter Verwendung anderer
Konstruktionsteile — Materialgewicht, Arbeitszeit und Kosten erhöht
werden können, zeigen die Beispiele 18 bis 25 sowie Zahlentafel 1.

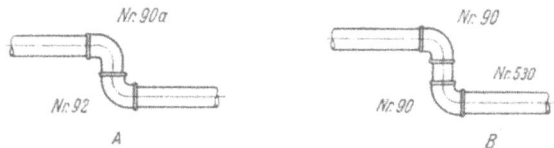

Bild 18. Kurze rechtwinkelige Abkröpfung einer Leitung

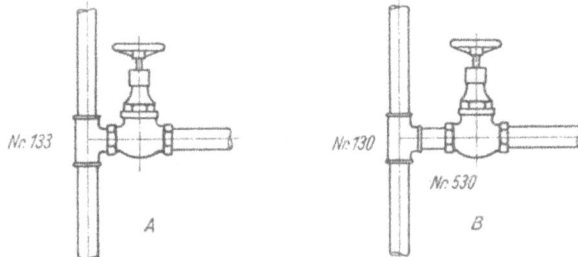

Bild 19. Einbau eines Strangabsperrventils

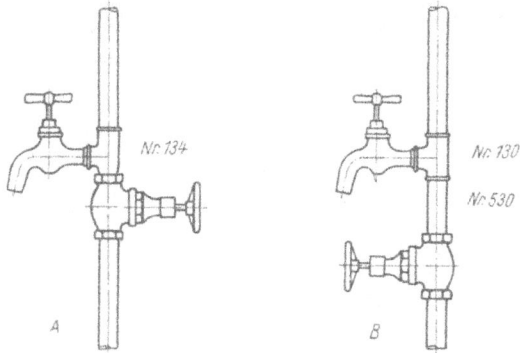

Bild 20. Einbau eines Absperrventils mit Entleerungshahn

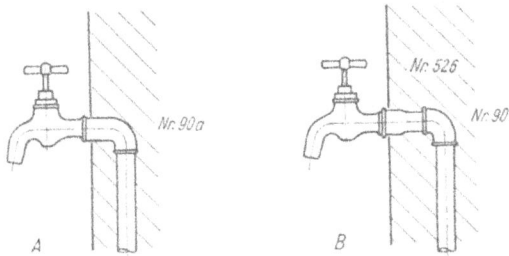

Bild 21. Anschluß von Auslaufventilen an unter Putz liegende Leitungen

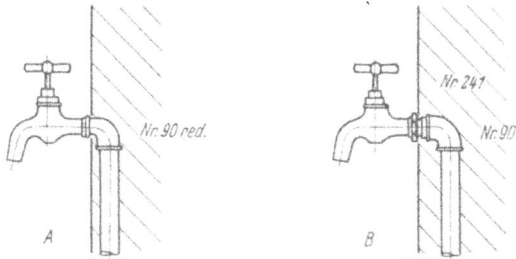

Bild 22. Anschluß von Auslaufventilen unter gleichzeitiger Reduktion der Zuleitung

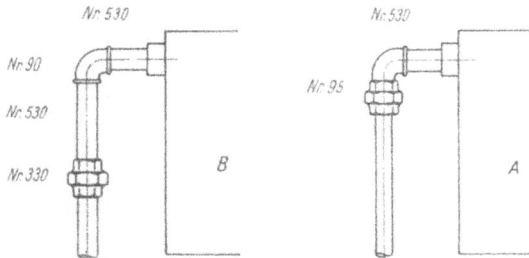

Bild 23. Lösbarer Anschluß an Gefäße, Gegenstände usw.

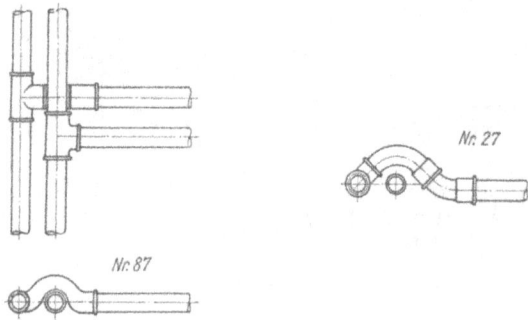

Bild 24. Abzweigungen von Steigleitungen

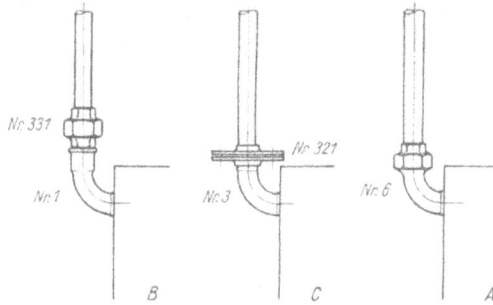

Bild 25. Anschluß an Gegenstände und Heizkessel

Zahlentafel 1. Zusammenstellung der Vergleichswerte zu den Bildern 18—25

Nr. des Bildes	Bezeichnung des Bildes	Aus-füh-rung	Zoll	Grundpreis der Verbindungsteile RM.	Gewicht des Leitungselementes kg	Arbeitszeit zum Zusammenbauen des Leitungselementes min
18	Kurze rechtwinklige Abkröpfung einer Leitung	A	$^3/_4$	2,80	0,29	9
		B		2,90	0,30	12
19	Einbau eines Strangabsperrventiles	A	$^3/_4$	1,70	0,19	12
		B		1,90	0,23	15
20	Einbau eines Absperrventils mit Entleerungshahn	A	$^3/_4 \times ^3/_8$	1,70	0,15	12
		B		1,98	0,17	15
21	Anschluß von Auslaufventilen an unter Putz liegende Leitungen	A	$^3/_1$	1,50	0,18	6
		B		2,30	0,20	9
22	Anschluß von Auslaufsventilen unter gleichzeitiger Reduktion der Zuleitung	A	$^3/_4 \times ^1/_2$	1,20	0,12	6
		B		1,86	0,17	9
23	Lösbarer Anschluß an Gefäße, Apparate usw.	A	$^3/_4$	3,30	0,54	9
		B		4,20	0,58	15
24	Abzweigleitungen von Steigleitungen	A	$^3/_4$	3,60	0,40	18
		B		5,00	0,44	24
25	Anschluß an Apparate und Heizkessel	A	2	14,00	1,80	10
		B		16,50	2,40	16
		C		18,00	3,10	18

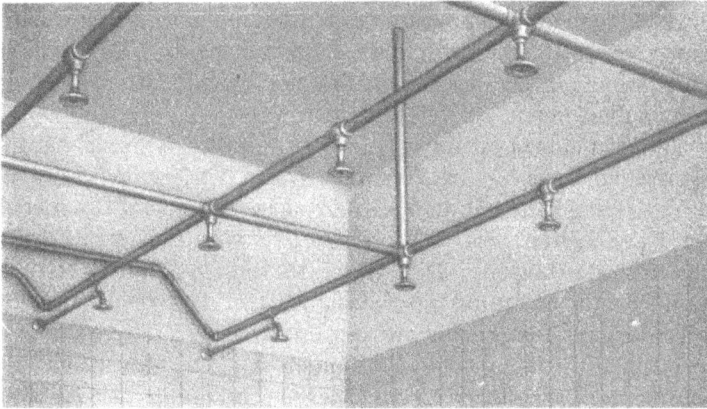

Bild 26. Bei Brausebadanlagen für Kasernen, Schulen, Lager u. dgl. lassen sich zahlreiche Teile werkstattmäßig vorbereiten

Bild 27. Die Rohrleitungen zu Waschanlagen für Fabriken, Lager, Kasernen können ebenfalls werkstattmäßig vorbereitet werden

6. Planung — allgemein gesehen

Bei allen übrigen Bauten, bei Erweiterungen und Instandsetzungen von Rohrleitungen und Anlagen wird es jedoch nach wie vor Sache des Konstrukteurs sein, in engster Fühlungnahme mit dem Architekten und Bauherrn oder deren Beauftragten die Planung bereits vor Baubeginn durchzuführen, um auch hier bei geringstem Kräfteeinsatz und mit sparsamsten Mitteln den bestmöglichen Nutzungswert zu erreichen.

Rohrleitungen und Apparate sind nicht nach »Faustformeln« oder »Erfahrungswerten«, sondern unter Zugrundelegung der tatsächlichen Betriebsbedingungen zu berechnen, um von vornherein Werkstoff- und Arbeitszeitfehlleitungen zu vermeiden.

Die Verlegung der Leitungen soll — soweit dies die architektonischen Erfordernisse zulassen — frei vor der Wand vorgesehen werden.

Bei Verlegung unter Putz oder in Rohrkanälen sind die hierfür notwendigen Bauarbeiten bereits beim Rohbau vorzusehen und nicht erst nachträglich auszuführen. Dem Architekten muß also eine genaue Schlitz- und Kanalzeichnung unter gleichzeitiger Angabe der notwendigen Mauerdurchbrüche zur Verfügung gestellt werden.

Klare und übersichtliche Planungen tragen wesentlich zur Beschleunigung der Arbeitszeiten und zur Verbilligung der Anlagen bei. Sie erleichtern eine planmäßige Arbeitsvorbereitung und bilden damit die Voraussetzung für einen störungsfreien Arbeitsablauf in der Werkstatt und auf der Baustelle.

7. Planungsarbeit und Leistungssteigerung

Planungsarbeit und Leistungssteigerung — das bedeutet auf der einen Seite vermehrten Aufwand an Arbeitszeit, um sorgfältiger planen zu können — und bedingt auf der anderen Seite eine Einsparung jeder unnötigen Planungsarbeit.

Vor ein paar Jahren konnte man es noch erleben, daß z. B. zur Abgabe eines Angebotes über eine kleine oder mittlere Heizungsanlage vier, fünf und sechs Firmen aufgefordert wurden.

Vier, fünf und sechsmal wurde dann dieselbe Wärmeverlustberechnung durchgeführt, die gleiche Anlage geplant, Materialauszüge gefertigt und Angebote geschrieben. Das ist ein Aufwand, den wir uns im Zeichen der Rationalisierung nicht mehr leisten können. Wäre es hier nicht einfacher, wenn sich der Architekt oder Bauherr einer Firma oder eines freischaffenden Heizungsingenieurs bedienen würde, um dort die Anlage gegen Berechnung einmal sorgfältig ausarbeiten zu lassen? Ein Preisangebot könnte dann immer noch an Hand der Ausarbeitungen bei zwei oder drei — aber bitte nicht mehr — Firmen eingeholt werden. Bei Großanlagen bleibt den vergebenden Stellen der Weg des Ideenwettbewerbes offen. Aber auch hier könnten die Wärmeverlustberechnungen einmal durchgeführt und allen am Wettbewerb beteiligten Firmen zur Verfügung gestellt werden.

Im sozialen Wohnungsbau soll diese Leerlaufarbeit durch Aufstellung von allgemeinen Leistungsverzeichnissen vermieden werden.

Leistungssteigerung bedeutet also nicht nur Rationalisierung der Baustellen- und Werkstattarbeiten, sondern auch der Büroarbeiten.

VIII. Betriebswirtschaftliche Auswirkungen

1. Die Grundlage — Arbeitszeitstudien

Im Rohrleitungsbau war das von jeher so: Ein großer Teil der Ingenieure und Techniker mußte für ihre Planungen auch noch die betriebswirtschaftlichen Unterlagen zur Angebotsabgabe »liefern«. Diese Unterlagen waren meist auf Erfahrungswerte aufgebaut. Mit der Unterteilung der Arbeiten kommt zwangsläufig in die wichtige Frage der Arbeitszeitvorausbestimmung etwas mehr Klarheit, denn es ist notwendig, daß die Arbeit in den Werkstätten und auf den Baustellen von Anfang an auf REFA-Grundsätzen aufbaut (REFA = Reichsausschuß für Arbeitsstudien).

Die Schwierigkeiten, die hierbei anscheinend einer genauen Erfassung der Arbeitszeiten auf der Baustelle (Bild 28) entgegenstehen, sollen nicht unterschätzt werden — aber sie sind doch nicht so bedeutend, daß ihretwegen eine Arbeitszeitvorausbestimmung nicht durchführbar wäre. Die Hauptschwankungen treten praktisch nur bei den Verlustzeiten auf. Die eigentlichen Arbeitszeiten sind also bei einer bestimmten Arbeit immer annähernd dieselben. Einen schematischen Überblick über die Gliederung der Arbeitszeiten bei der Unterteilung in Baustellen- und Werkstattarbeit zeigt Bild 29.

Hieraus ergibt sich

$$T = T_W + T_B$$

wobei — entsprechend dem bereits früher Gesagten — $T_W > T_B$ sein soll.

2. Das Ziel!

·Hauptziel muß also sein: Verlagerung eines großen Teiles der Arbeit von der Baustelle nach der Werkstatt. Dadurch

 Einsparung an Arbeitszeit,
 bessere Überwachung der Arbeiten,
 raschere Fertigstellung der Bauten.

Hieraus ergeben sich zwangsläufig billigere Anlagekosten.

Beobachtungsbogen	Baustellenarbeit	Beobachter:	Blatt: 39
	Werkstatt arbeit	Ort, Datum:	

Anlage: _____

Ausführung: _____

Arbeitszeit: von _____ bis _____
von _____ bis _____

Pausen: von _____ bis _____
von _____ bis _____

Einrichter:	Hilfseinrichter:	Helfer:
Leistungsgrad:	A:	Leistungsgrad:	A:	Leistungsgrad:	A:

F = Fortschrittzeit, E = Einzelzeit, tr = Rüstzeit, tg = Grundzeit, tv = Verlustzeit

lfd. Nr.	Teilarbeiten	Kontroll-Zeit	Aufteilung:														
			Einrichter					Hilfseinrichter					Helfer				
			F	E	tr	tg	tv	F	E	tr	tg	tv	F	E	tr	tg	tv
1.																	
2.																	
3.																	
4.																	
5.																	
6.																	
7.																	
8.																	
9.																	
10.																	
11.																	
12.																	
13.																	
14.																	
15.																	
16.																	
17.																	
18.																	
19.																	
20.																	
21.																	
22.																	
23.																	
24.																	
25.																	
26.																	
27.																	
28.																	
29.																	
30.																	
31.																	
32.																	
33.																	
34.																	
35.																	
	Gesamtzeiten. min																

Bemerkungen: *(Maschinen, Werkzeug, Einrichtungen. Arbeitsgang, Arbeiter)*

Ausgewertet:	Gesehen:	Ablegen:

Bild 28. Beispiel eines Beobachtungsbogens für Zeitaufnahmen auf der Baustelle und in der Werkstatt

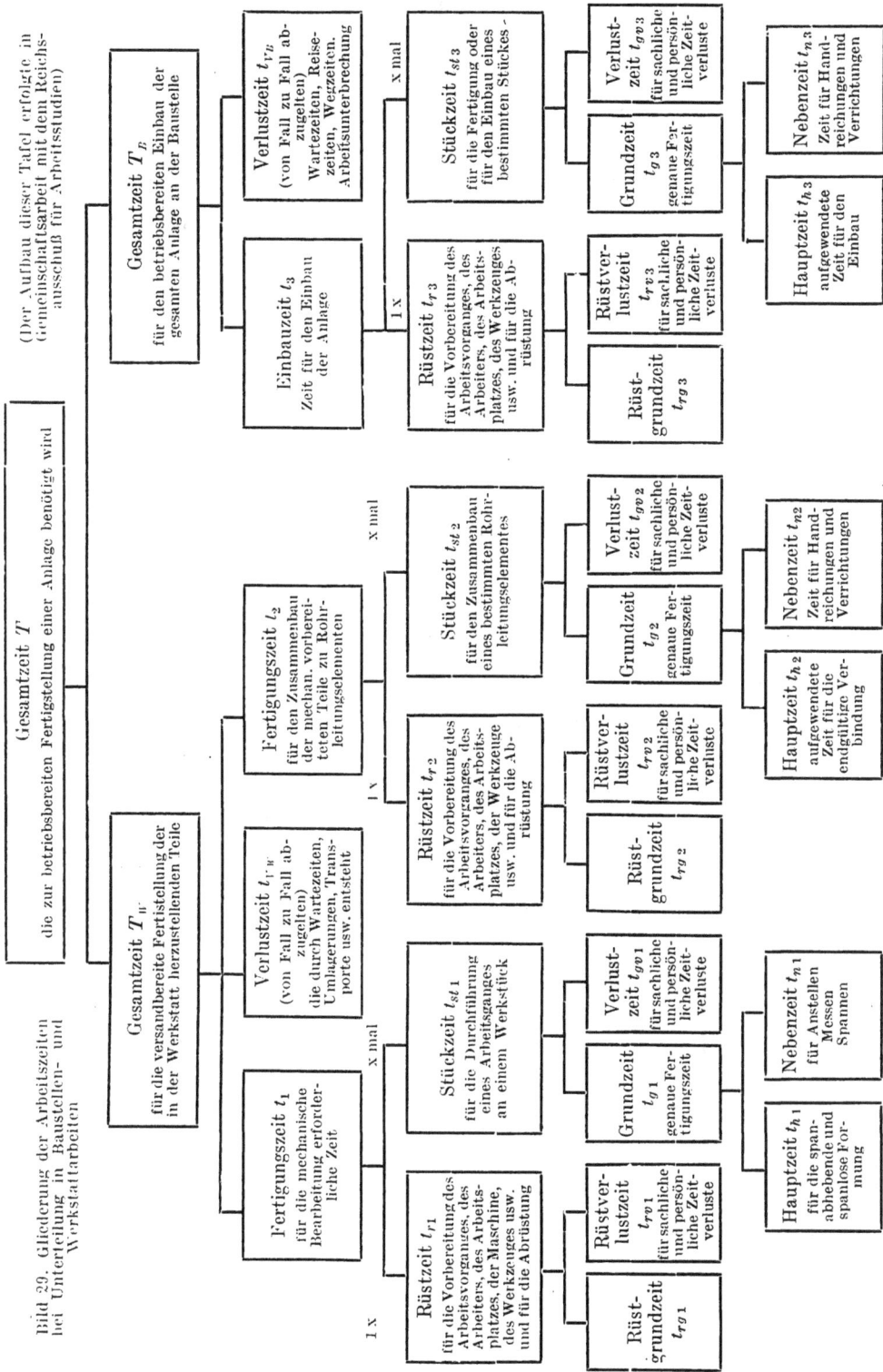

Bild 29. Gliederung der Arbeitszeiten bei Unterteilung in Baustellen- und Werkstattarbeiten

(Der Aufbau dieser Tafel erfolgte in Gemeinschaftsarbeit mit dem Reichsausschuß für Arbeitsstudien)

Gesamtzeit T die zur betriebsbereiten Fertigstellung einer Anlage benötigt wird

Gesamtzeit T_w für die versandbereite Fertigstellung der in der Werkstatt herzustellenden Teile

Gesamtzeit T_B für den betriebsbereiten Einbau der gesamten Anlage an der Baustelle

Fertigungszeit t_1 für die mechanische Bearbeitung erforderliche Zeit

Verlustzeit t_{vw} (von Fall zu Fall abzugelten) die durch Wartezeiten, Umlagerungen, Transporte usw. entsteht

Fertigungszeit t_2 für den Zusammenbau der mechan. vorbereiteten Teile zu Rohrleitungselementen

Einbauzeit t_3 Zeit für den Einbau der Anlage

Verlustzeit t_{vu} (von Fall zu Fall abzugelten) Wartezeiten, Reisezeiten, Wegzeiten, Arbeitsunterbrechung.

Rüstzeit t_{r1} für die Vorbereitung des Arbeitsvorganges, des Arbeiters, des Arbeitsplatzes, der Maschine, des Werkzeuges usw. und für die Abrüstung

Stückzeit t_{st1} für die Durchführung eines Arbeitsganges an einem Werkstück

Rüstzeit t_{r2} für die Vorbereitung des Arbeitsvorganges, des Arbeiters, des Arbeitsplatzes, der Werkzeuge usw. und für die Abrüstung

Stückzeit t_{st2} für den Zusammenbau eines bestimmten Rohrleitungselementes

Rüstzeit t_{r3} für die Vorbereitung des Arbeitsvorganges, des Arbeiters, des Arbeitsplatzes, des Werkzeuges usw. und für die Abrüstung

Stückzeit t_{st3} für die Fertigung oder für den Einbau eines bestimmten Stückes

Rüstgrundzeit t_{rg1}

Rüstverlustzeit t_{rv1} für sachliche und persönliche Zeitverluste

Grundzeit t_{g1} genaue Fertigungszeit

Verlustzeit t_{gv1} für sachliche und persönliche Zeitverluste

Rüstgrundzeit t_{rg2}

Rüstverlustzeit t_{rv2} für sachliche und persönliche Zeitverluste

Grundzeit t_{g2} genaue Fertigungszeit

Verlustzeit t_{gv2} für sachliche und persönliche Zeitverluste

Rüstgrundzeit t_{rg3}

Rüstverlustzeit t_{rv3} für sachliche und persönliche Zeitverluste

Grundzeit t_{g3} genaue Fertigungszeit

Verlustzeit t_{gv3} für sachliche und persönliche Zeitverluste

Hauptzeit t_{h1} für die spanabhebende und spanlose Formung

Nebenzeit t_{n1} für Anstellen Messen Spannen

Hauptzeit t_{h2} aufgewendete Zeit für die endgültige Verbindung

Nebenzeit t_{n2} Zeit für Handreichungen und Verrichtungen

Hauptzeit t_{h3} aufgewendete Zeit für den Einbau

Nebenzeit t_{n3} Zeit für Handreichungen und Verrichtungen

$1\times$ x mal $1\times$ x mal $1\times$ x mal

Zahlentafel 2. **Vergrößerung einer Heizungsanlage**

Vergleich der Fertigungs- bzw. Einbauzeiten bei reiner Baustellen- und getrennter Fertigung. (Vgl. Bild 3.)

Nr.	Stück	Arbeitsgang	Baustellen-fertigung		Getrennte Fertigung			
					Baustelle		Werkstatt	
1.	8	Gewinderohrabschnitte 2½'' auf Länge zuschneiden	10,30	82,40			3,50	28,00
2.	16	Gewinde 2½'' schneiden (auf der Baustelle sind dabei 2 Mann beschäftigt)	22,30	356,80			3,40	54,40
3.	9	Gewinde mit Hanf und Kitt verpacken	1,60	14,40			1,60	14,40
4.	9	Verbindungsstücke aufschrauben	2,60	23,40			2,60	23,40
5.	9	Gewinde an der Baustelle verpacken	1,60	14,40	1,60	14,40	...	...
6.	34	lfd. m Gewinderohr 2½'' in einem Raum in etwa 2 m Höhe verlegen . . . (Rüstzeit t_r nicht erforderlich, da Kluppe und Maschine bereits eingestellt)	4,00	136,00	4,00	136,00	...	...
		zus.		627,40		150,40		120,20
		Verlustzeit t_v	20%	125,50	20%	30,00	10%	12,00
		Gesamtzeit T_w bzw. T_B . . .	2 Mann	752,90	2 Mann	180,40	1 Mann	132,20
								180,40
								312,60

Zur Ausführung der Arbeit sind also erforderlich:

Einrichter-Stunden	5,50		1,50			
Helfer-Stunden	5,50		1,50			
Hilfsarbeiter-Stunden	...		...			2,20

Zahlentafel 3. Vergleich der Fertigungszeiten (Akkordzeiten) bzw. der Gesamtzeiten (Planungszeiten) bei Herstellung von Rohrschlangen auf der Baustelle bzw. in der Werkstatt

Pos.	Stück	Arbeitsgang	Stückzeiten t_{st} in min bei Fertigg.			
			Werkstatt		Baustelle	
1.	3	Gewinderohrabschnitte 2″, 2000 mm lang zuschneiden	2,50	7,50	5,15	15,45
2.	6	Gewinde 2″ schneiden	0,80	4,40	4,40	26,40
3.	6	Gewinde 2″ verpacken (Hanf u. Kitt)	0,75	4,50		4,50
4.	6	Gewindepaare 2″ verschrauben . .	3,25	9,60	1,60	9,60
5.		Arbeitszeit für 1 Stück . . . . min		26,40		55,95
6.		» bei einer Fertigung von				
		10 Stück		264,00		559,50
7.		Rüstzeit t_r		15,00		7,00
8.		Fertigungszeit t . . . . min		279,00		566,50
9.		Verlustzeit t_v	10%	27,90	20%	113,30
10.		Gesamtzeit T_W bzw. T_B . . . . min		306,90		679,80
		Die Zeiten verstehen sich jeweils für 1 Mann. Auf der Baustelle war der Monteur in der Zwischenzeit mit anderen Arbeiten beschäftigt!				

3. Arbeitseinsatz und Auftragsabwicklung sind abhängig von den Fertigungszeiten

Die Vorausbestimmung von T ist nicht nur für die Festlegung der anfallenden Arbeitslöhne, sondern vor allem auch für die arbeitseinsatzmäßige Planung und damit für die Einreihung der Bauten in die Auftragsabwicklung von größter Bedeutung.

4. Zwei relative Begriffe — Zeit und Zeitwert

Die Unterschiede in den Arbeitszeiten zwischen Werkstattfertigung und Baustellenfertigung sind in Zahlentafel 2 u. 3 besonders deutlich sichtbar. Ein Vergleich der Gesamtarbeitszeit bei Baustellenfertigung mit der kleineren Gesamtarbeitszeit bei Werkstattfertigung ist in bezug auf die Zeit ohne weiteres möglich. Wertmäßig lassen sich diese Zeiten jedoch nur unter Beachtung der jeweiligen örtlichen Bedingungen bzw. Betriebskostenfaktoren vergleichen (Bild 32).

Es erscheint mir notwendig, auf diese verschiedenen betriebswirtschaftlichen Gesichtspunkte hinzuweisen, um bei Vergleichsrechnungen von vornherein klare, der Praxis entsprechende Verhältnisse zu schaffen.

Bei den Bauten des Reichsarbeitsdienstes stellt die Rohrlegerfirma lediglich die Einrichter. Hilfskräfte stellt der RAD. Auf Grund der langjährigen Erfahrung gibt nun Stangelmayer (3) die für einen bestimmten Waschhaustyp erforderlichen Einrichterstunden für ungenormte Anlagen, d. h. also bei reiner Baustellenfertigung mit 360 Facharbeiterstunden an (Bild 30).

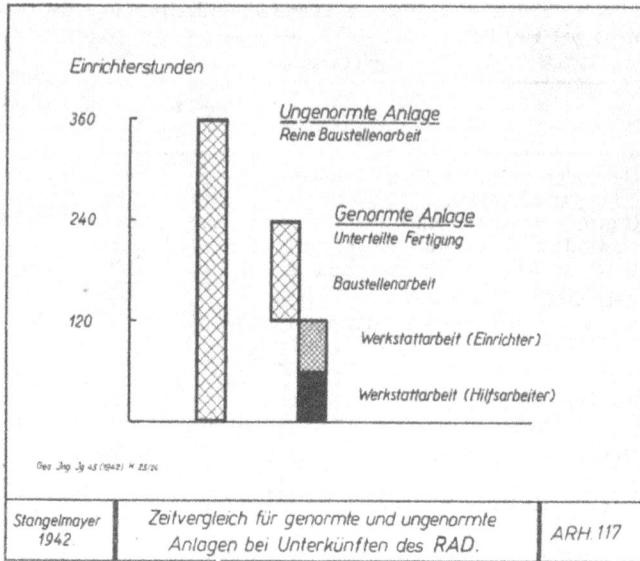

Bild 30.

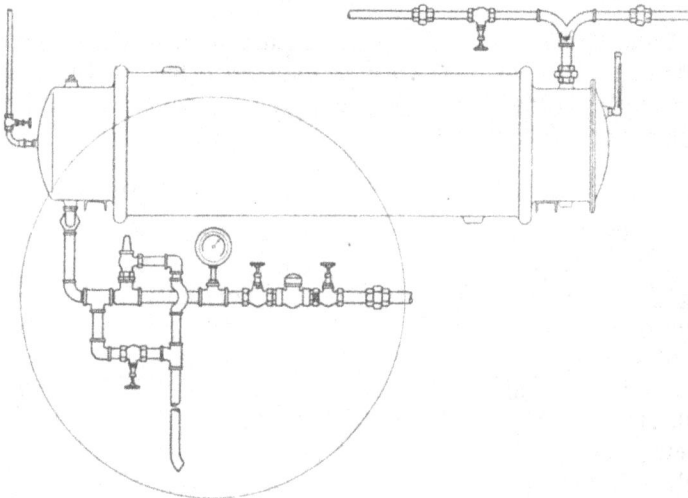

Bild 31. Kaltwasseranschlüsse an Warmwasserbereiter können werkstattmäßig vorbereitet an die Baustelle geliefert werden. Bei einmaliger sorgfältiger Durcharbeitung aller in Frage kommenden Anschlußgrößen und Abmessungen wird gleichzeitig Planung und Materialauszug für weitere Anlagen vereinfacht*)

Derartige typisierte Rohrleitungselemente können auch noch für andere öfters wiederkehrende Anschlußleitungen entwickelt werden

*) Neuerdings wurde eine Kaltwasser-Anschluß-Armatur für Warmwasserbereiter entwickelt die — entsprechend den baupolizeilichen Vorschriften — alle Absperr- und Sicherheitsorgane in einem Gehäuse vereinigt. Sie wird wesentlich zu einer Arbeitsvereinfachung und Beschleunigung beitragen.

Schema zum Aufbau wertmäßiger Vergleichsrechnungen je geleistete oder zu leistende Arbeitsstunde

Nr.		Seitherige Fertigung						Unterteilte Fertigung – Baustelle					Unterteilte Fertigung – Werkstatt					
		Einrichter-Vorarbeiter	Einrichter	Hilfs-Einrichter	Schweißer	Hilfsarbeiter	Lager-Arbeiter	Einrichter-Vorarbeiter	Einrichter	Hilfs-Einrichter	Schweißer	Hilfsarbeiter	Einrichter-Vorarbeiter	Hilfs-Einrichter	Schweißer	Masch.-Arbeiter	Hilfsarbeiter	Lager-Arbeiter
1.	Fertigungslöhne . . . . . in RM./h																	
2.	Hilfslöhne . . . . . . in RM./h																	
3.	Fertigungsgemeinkosten (Prozentualer Zuschlag auf die Löhne für soziale Lasten, Unterhaltung und Abschreibung der Betriebsanlagen und Einrichtungen[1])																	
4.	Verwaltungs- und Vertriebsgemeinkosten (Prozentualer Zuschlag für den auf die Löhne entfallenden Anteil der allg. Unkosten)																	
5.	Sonderkosten (Bauzulagen, Wegegelder, Fahrtspesen usw.)[2]																	
6.	Kosten je Arbeitsstunde . . . RM.																	
7.	Unternehmerzuschlag																	
8.	Verrechnungssatz . . . . . RM./h																	

[1] Dieser Zuschlag wird bei »nur Baustellen-Betrieben« niederer sein als bei Betrieben mit mech. Werkstätte.

[2] Diese Sonderkosten werden meist »je Tag« bezahlt. Bei Vergleichsrechnungen ist es jedoch zweckmäßiger, die Beträge als festen Zuschlag zum Stundenlohn umzurechnen.

Bild 31.

Durch die Normung werden von diesen 360 Facharbeiterstunden nur noch 120 für Werkstattarbeiten und 120 für Einbauarbeiten an der Baustelle benötigt.

Durch Maschineneinsatz können die nach der Werkstatt verlegten 120 Stunden jedoch in 60 Facharbeiterstunden und 60 Hilfsarbeiterstunden aufgeteilt werden, so daß bei dem angeführten Waschhaustyp und unterteilter Fertigung insgesamt 180 hochwertige Facharbeiterstunden oder 50% der nach seitheriger Arbeitsweise erforderlichen Facharbeiterstunden eingespart werden.

IX. Theoretisches Maß, Baustellenmaß und Maßausgleich

1. Wie stellt sich der Einrichter zu diesen Fragen?

Einer Besprechung über die Architekten- und Baufachtagung der »Zentrale für Gas- und Wasserverwendung Berlin« fügt die »Deutsche Klempnerzeitung« (61. Jg., H. 30) folgende Stellungnahme an:

> ». . . Es wäre sicher ideal, mit fertigen Baulängen[1]) für Gas-, Kalt- und Warmwasserleitungen auf der Baustelle ‚anzurücken' und diese nur durch angelernte Kräfte zusammenschrauben zu lassen. Doch kann man mit Recht sagen, Theorie und Praxis sind zweierlei. Eine saubere und gerade Rohrführung setzt vor allem genaueste und sauberste Arbeit (man möchte beinahe sagen Millimeterarbeit) aller Bauhandwerker voraus. Wer schon Siedlungshäuser, d. h. Reihenhäuser mit etwa 80 gleichgeschnittenen Wohnungen installiert hat, wird immer wieder feststellen müssen, daß in fast jeder Wohnung die zuzuschneidenden Rohre gesondert auszumessen sind und Abweichungen bis zu mehreren Zentimetern vorkommen. . . .

Diese Stellungnahme spiegelt die Gedanken wieder, die sich der Einrichter — aus der Praxis der seitherigen Bauausführung heraus — zu dem Thema »Werkstattmäßiger Rohrleitungsbau« macht, und die in der Hauptsache um das Problem der Maßgenauigkeit kreisen.

2. Maßgenauigkeit

Zugegeben — bei der seitherigen Bauausführung waren selbst bei mehreren nach gleicher Zeichnung erstellten Häusern zum Teil beträchtliche Abweichungen in den Raummaßen feststellbar. Aber diese Unterschiede sollen künftig auf ein Mindestmaß eingeschränkt werden. Die Rationalisierung und Normung des Bauwesens beginnt ja nicht erst beim Rohrleitungsbau, sondern bereits beim Ziegelstein und den übrigen Rohbauteilen, wobei nach den bisherigen Erfahrungen die Normung dieser Teile auf einheitlicher Grundlage erfolgen muß. Die Auswirkung dieser Maßnahmen wird sich aber in einer besseren Maßgenauigkeit zeigen.

---

[1]) Die Lieferung genormter und mit Gewinde versehener Rohrlängen halte ich nicht für zweckmäßig, da diese zu einer unwirtschaftlichen Lagerhaltung und in der Praxis auch zu einem unerwünschten Verschnitt führen würde. Genau so gehören die Arbeiten auf der Baustelle nicht allein durch Hilfskräfte, sondern vorwiegend durch Facharbeiter ausgeführt. Hilfskräfte können viel zweckmäßiger in den Werkstätten eingesetzt werden.

Trotzdem wird aber annäherungsweise bei den einzelnen Räumen noch mit einem Unterschied zwischen theoretischem Maß (Zeichnungsmaß) und Baustellenmaß von ± 25 mm zu rechnen sein. Kleinere Abmaße werden sich wohl nur beim Stahlskelettbau erreichen lassen. Es wäre wünschenswert, wenn hier im Zuge der Erstellung von Erprobungsbauten durch Großzahlforschung Klarheit in das Gebiet der Maßtoleranzen gebracht würde.

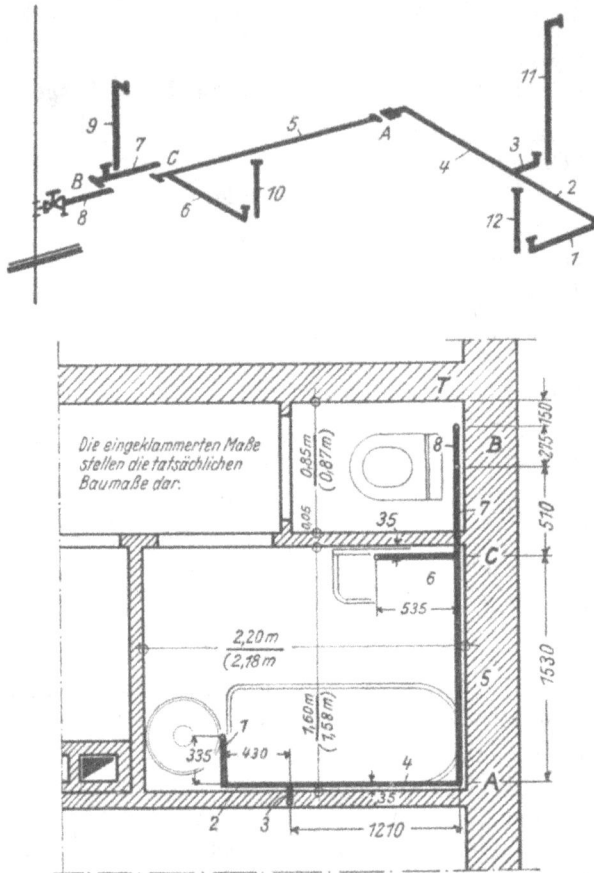

Bild 33. Getrennte Fertigung einer Kaltwasserverteilungsleitung unter Berücksichtigung vorkommender Maßabweichungen

3. Maßabweichungen und Rohrleitungsbau

Für den Rohrleitungsbau ist es wichtig, die Auswirkungen dieser baulichen Maßabweichungen zu kennen, damit an geeigneter Stelle Maßnahmen zu deren Überbrückung getroffen werden.

Die Maßabweichungen bei den werkstattmäßig gefertigten Rohrleitungsteilen und Elementen können durch Verwendung von Lehren in verhältnismäßig geringen Grenzen gehalten werden. Sie wurden bis jetzt auch bei größeren Teilen mit ± 5 mm festgestellt.

Bei bestehenden Bauten können die Raummaße an Ort und Stelle ziemlich genau genommen werden, doch erlebt man hier nach Durchführung der Stemmarbeiten oft unangenehme Überraschungen durch abgesetzte Mauern, Träger, vorhandene Rohrleitungen, Balkenwechsel usw., so daß nachträgliche Änderungen an der Leitungsführung vorgenommen werden müssen. Man wird deshalb die werkstattmäßige Vorbereitung auf die Leitungsteile beschränken, deren Lage eindeutig festliegt, sofern die Stemmarbeiten nicht vor dem Bauaufmaß durchgeführt werden können. Bei Neubauten ist man dagegen darauf angewiesen, die Vorbereitungsarbeiten an Hand der Zeichnungsmaße in die Wege zu leiten. (Für die eigentlichen Ausführungsunterlagen empfiehlt es sich dagegen, den Bau ebenfalls aufzumessen. Die hierfür aufgewendete Zeit wird sich in jedem Fall bezahlt machen.) Und hier beginnen die scheinbaren Schwierigkeiten. Zwei Beispiele sollen zur Erläuterung der Auswirkungen bei auftretenden Maßabweichungen zwischen Zeichnungsmaß und Baustellenmaß dienen.

Bei der in Bild 33 dargestellten Installationszelle aus Typ G 4 W der Reichstypen für den sozialen Wohnungsbau soll — als Annahme — die Kaltwasserzuleitung für jede Wohnung von einem gemeinsamen Steigestrang abgenommen werden. Die Wohnungsverteilungsleitungen sollen durch einen Absperr- und Entleerungshahn jederzeit für sich vom Hauptstrang getrennt werden können. Warmwasserleitung soll keine vorgesehen sein.

Die Rohrleitungsteile der Kaltwasserleitung werden werkstattmäßig auf Grund der Zeichnung vorbereitet.

Beim Einbau stellen sich nun geringe Abweichungen in den Raummaßen heraus. Wie wirken sich diese Abweichungen aus und auf welche Art können sie überbrückt werden?

Nehmen wir an, die Trennungswand T sitzt maßgenau. Beim Einsetzen der Zwischenwände sind jedoch Maßabweichungen gegenüber den Zeichnungsmaßen aufgetreten. Der Steigestrang besitzt ebenfalls die vorgesehene Entfernung von Mitte Rohr bis zur Trennwand von 150 mm. Da die Abortbreite nicht mehr 85 sondern 87 cm beträgt, kommt nun das T-Stück zum Anschluß des Abortspülers 1 cm außer Wandmitte zu liegen. Die Zuleitung zum Waschbecken liegt nun von Mitte Rohr bis zur Wand nicht mehr mit 35 mm Abstand, sondern nur noch mit 15 mm, d. h. die Ränder der Rohrverbindungsstücke würden bereits am Verputz anliegen. Die Zuleitung zum Badeofen würde nach wie vor mit 35 mm Abstand liegen.

An sich könnte man den Standpunkt einnehmen, daß den geringen Abweichungen am Abzweig zum Abortspüler sowie an der Zuleitung zum Waschbecken keine besondere Bedeutung beizumessen ist. Das würde aber den Rohrleitungsbau auf die Dauer bestimmt in schlechten Ruf bringen und kann nicht verantwortet werden. Es müssen deshalb Mittel und Wege gesucht werden, die es gestatten, trotz werkstattmäßiger Vorbereitung der Arbeiten die vorgesehenen, für eine saubere Rohrverlegung unbedingt erforderlichen Wandabstände einzuhalten.

Würde man nun zu diesem Zweck bei *B* ein Ausgleichstück setzen, so könnte man damit das T-Stück für den Abortspüleranschluß auf Raummitte bringen. Die Zuleitung zum Waschbecken würde aber immer noch nicht 35 mm sondern nur 25 mm Wandabstand aufweisen. Ebenso würde jetzt die Zuleitung zum Badeofen nicht mehr 35 mm sondern auch nur 25 mm Wandabstand besitzen. Dadurch bekäme aber auch das unter Putz verlegte Zuleitungsrohr zum Spülbecken in der Küche 10 mm weniger Deckung. Notfalls müßte also hier das Wanddurchgangsstück geändert werden, ebenso das Anschlußstück zum Badeofen.

Um die Wandabstände der Rohre genau einhalten zu können und dadurch Abänderungen zu vermeiden, wäre es notwendig, die Unterteilung nicht vom Steigestrang her, sondern vom Badezimmer aus vorzunehmen. Ein bei *A* eingebautes Ausgleichstück gestattet eine genaue Einhaltung der vorgesehenen Wandabstände. Das Rohrstück 7 erhält auf einer Seite das T-Stück für den Abortspüleranschluß, bei *C* jedoch eine Zugabe ohne Gewinde, so daß diese Rohrlänge an Ort und Stelle genau abgepaßt werden kann. Die Verbindung 8 mit dem Steigestrang wird durch Einbau einer Verschraubung lösbar gemacht, so daß auch hier nur noch ein kleines Paßstück an Ort und Stelle zu schneiden ist.

Wir haben bis jetzt grundsätzlich nur die Auswirkungen der Maßabweichungen in den Raumbreiten untersucht. Wie wirken sich nun die Maßabweichungen in den Raumlängen aus? Änderungen in den Raumlängen kommt im vorliegenden Fall keine besondere Bedeutung zu, da hier eine Anpassung durch geringe Verschiebung der Einrichtungsgegenstände sowie deren Anschlüsse immer möglich ist. Außerdem sind z. B. die Abweichungen der Badewannen bekannt, so daß diese bei der werkstattmäßigen Vorbereitung berücksichtigt werden können.

Wie wirken sich nun Abweichungen in der Höhenlage des Anschluß-T-Stückes im Steigestrang auf die Verteilleitungen aus?

Diese Abweichungen können im vorliegenden Fall ebenfalls leicht überbrückt werden, indem die Steigrohre zum Abortspüleranschluß, zum Waschbeckenanschluß, zum Badeofenanschluß und zum Spülbeckenanschluß erst an Ort und Stelle auf genaue Länge geschnitten werden.

Von insgesamt 24 Gewinden je Wohnung wären 6 Gewinde am Bau zu schneiden.

Von insgesamt 12 Rohrteilen je Wohnung wären 6 Teile am Bau auf Länge anzupassen.

Die in Bild 34 gestellte Aufgabe lautet: »Die Abzweige eines Steigestranges müssen in bestimmter Höhe über Fußboden liegen. Ebenso muß die Höhenlage von Punkt *A* genau eingehalten werden.« Eine Maßabweichung in der Erdgeschoß-Deckenstärke würde bereits bedeuten, daß entweder die Höhe des Abzweiges im Erdgeschoß oder die Höhenlage von Punkt *A* nicht eingehalten werden könnte. Eine Überbrückung wäre dadurch möglich, daß man Rohrteil 2 am Bau auf genaue Länge abpaßt. Bei größeren Abmessungen wird man jedoch immer bestrebt sein, so wenig wie möglich an der Baustelle auszuführen. Aus diesem Grunde ordnet man in vorliegendem Fall bei *A* ein Ausgleichstück an, das die genaue Einhaltung der vorgeschriebenen Maße ermöglicht. Auch bei *B* und *C* werden deshalb Ausgleichstücke angeordnet.

Wenn nun diese Steigestrangausführung dem vorhergehenden Beispiel zugrunde gelegt würde, so wäre es dadurch möglich, auch die Rohrteile 9, 10, 11 und 12 vollständig in der Werkstatt vorzubereiten. Das heißt je Wohnung wären dann nur noch drei Gewinde am Bau zu schneiden und drei Rohrteile auf Länge abzupassen.

Bei drei gleichartigen übereinanderliegenden Installationszellen würden sich also die Mehrkosten für die maßgenaue Ausführung des Steigestranges ohne weiteres bezahlt machen.

Ein weiteres Beispiel hierzu ist im Abschnitt »Arbeitsvorbereitung«, »Worauf es ankommt?« Absatz 3 besprochen.

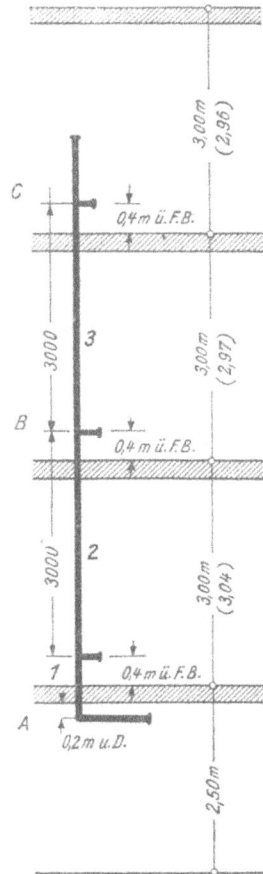

Bild 34. Unterteilung eines Steigestranges unter Berücksichtigung auftretender Maßabweichungen

Es ist also notwendig, daß Überlegungen ähnlicher Art, wie dies in den vorhergehenden Beispielen gezeigt wurde, bei jeder auszuführenden Anlage und für jeden Teil angestellt werden, um an richtiger Stelle Ausgleichstücke oder Anpaßlängen vorsehen zu können.

4. Maßausgleich

Um Maßabweichungen ausgleichen zu können, haben wir bereits zwei Möglichkeiten kennengelernt:

    1. die Anordnung von Ausgleichstücken,

    2. die Anordnung von Anpaßlängen.

Bei beiden Arten muß ein Ausgleich sowohl nach oben als auch nach unten ($\pm$ Ausgleich) möglich sein.

5. Anpaßlängen

Bei Anpaßlängen bedeutet dies: Die Anlieferung der Rohrteile an die Baustelle muß mit Plus-Maß vorgenommen werden (s. Bild 35). Beim Einbau werden die Anpaßlängen dann nach Bedarf auf Maß gekürzt.

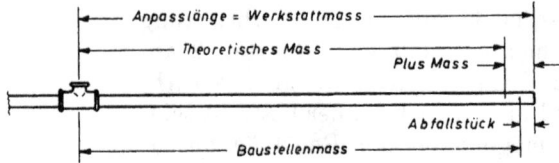

Bild 35. Maßzusammenhänge bei Anpaßlängen

Der eine oder andere wird nun entgegnen: »Das ist ja Material- und Arbeitszeitverschwendung, wenn diese Rohre zweimal abgeschnitten werden müssen?« Rein formal sind diese Einwendungen berechtigt. Die Auswirkungen dieser Verluste werden aber weit überschätzt, denn es muß berücksichtigt werden, daß z. B. für Ausgleichstücke ebenfalls Material und Arbeitszeit erforderlich ist. Außerdem stellen Anpaßlängen sowohl in technischer als auch in architektonischer Hinsicht die zweckmäßigste Form des Maßausgleiches dar.

6. Ausgleichstücke

Ausgleichstücke werden in Form von Lang-Muffen-Gewinden von der Fittingsindustrie für verschiedene Zwecke schon seit Jahren geliefert. Ihr Aufbau ist aus Bild 36 ersichtlich. Die mit derartigen Stücken gegebene Ausgleichmöglichkeit liegt im Rahmen der praktischen Erfordernisse (s. Zahlentafel 4).

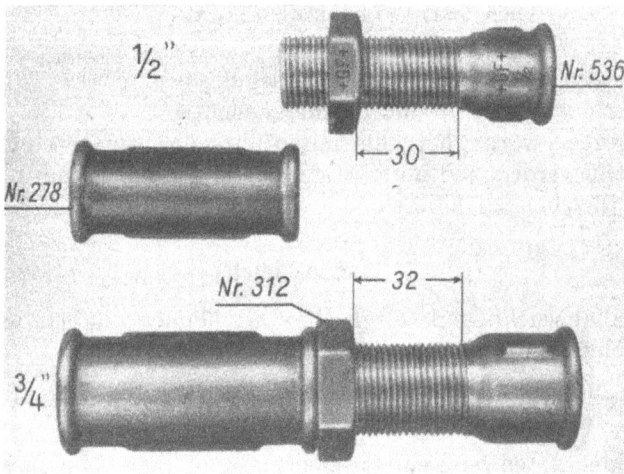

Bild 36. Ausgleichstücke in Form von Lang-Muffen-Gewinden

Zahlentafel 4. **Bei Lang-Muffen-Gewinden möglicher Maßausgleich**

Dimension	Zoll	$^1/_2''$	$^3/_4''$	$1''$	$^5/_4''$	$1^1/_2''$	$2''$
max. Verlängerung bis	mm	30	32	40	42	50	52
± Ausgleich, wenn unlösbar	mm	15	16	20	21	25	26
max.Verlängerung, wenn lösbar bis mm		14	12	15	15	25	37
± Ausgleich, wenn lösbar	mm	7	6	7	7	12	18

Als vorbeugende Maßnahme gegen frühzeitige Zerstörungen und Anfressungen dieser Stücke hat sich die Ausführung mit ganz verzinkten Gewinden bereits bestens bewährt.

Eine Vereinfachung und Materialeinsparungsmöglichkeit ist nun auch bei diesen Stücken gegeben. Nach Bild 36 müssen die Lang-Muffen-Gewinde sowohl im Muffen- als auch im Langgewindeteil auf Rohrstücke aufgeschraubt werden. Die Ausgleichstücke weisen also insgesamt drei Dichtstellen auf.

Läßt man dagegen das Langgewinde Nr. 536 weg und schneidet das Langgewinde direkt auf das Rohrstück, so kommt man mit zwei Dichtstellen aus (s. Bild 37).

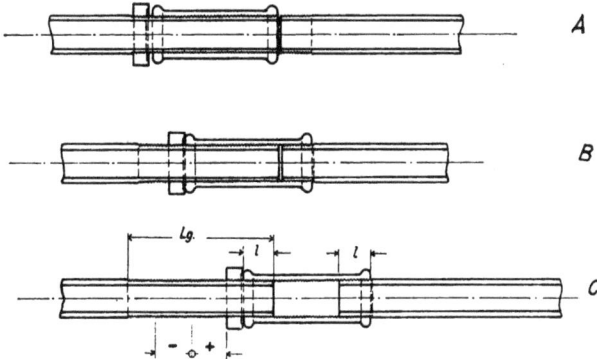

Bild 37. Rohr-Langgewinde in Verbindung mit Langmuffen

Hierbei kann auch die Baulänge der Muffe Nr. 278 voll ausgenützt (dies ist bei der Zusammenstellung nach Bild 36 nicht der Fall) und die Verbindung selbst lösbar angeordnet werden. Die technischen Daten hierfür sind in Zahlentafel 5 enthalten.

Zahlentafel 5. **Maßausgleich durch Rohr-Langgewinde**

Dimension	Zoll	$^1/_2''$	$^3/_4''$	$1''$	$^5/_4''$	$1^1/_2''$	$2''$	$2^1/_2$	$3''$
Gewindelänge Lg	mm	75	84	96	110	120	137	163	186
max. Verlängerung bis	mm	50	55	63	72	81	92	112	129
± Ausgleich	mm	25	27	31	36	40	46	56	64

Beide Ausführungsarten bedingen, daß sie im geraden Rohrteil an-geordnet werden, oder, was aus architektonischen Gründen häufiger der Fall ist, mit Bogen bzw. Winkeln zusammengeschraubt werden. Auf jeden Fall ergibt dies eine weitere Dichtstelle, die Material und Arbeit kostet. Um auch hier alle Möglichkeiten auszuschöpfen, wurde das in Bild 38 wiedergegebene Spezialstück geschaffen.

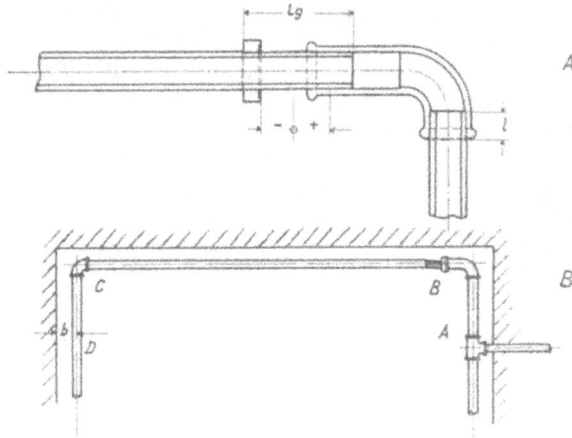

Bild 38. Rohr-Langgewinde mit Winkelstück

Die technischen Daten dieses Winkel-Langgewindestückes decken sich mit den in Zahlentafel 4 angegebenen Werten. Die Verbindung ist bei Verwendung dieses Stückes nicht in der bei Normal-Langgewinden üblichen Art lösbar. Der Einbau muß deshalb so vorgenommen werden, daß z. B. in Bild 38 B die Rohrteile AB mit aufgedichtetem Winkel-Langgewindestück zuerst verlegt werden. Anschließend wird das Rohr-stück BC ohne Teil D in das Winkelstück eingedreht, bis der vorgeschrie-bene Wandabstand b erreicht ist.

X. Arbeitsvorbereitung

1. Unterteilte Fertigung — eine Gemeinschaftsleistung

Wenn die unterteilte Fertigung von Rohrleitungsanlagen auf die Dauer gesehen Erfolg bringen soll, dann muß die Verbindung zwischen Planung, Arbeitsvorbereitung und Ausführung möglichst eng sein.

Zwischen Bauleitung einerseits und technischem Büro sowie Einrichtern andererseits muß ein Geist gegenseitigen Vertrauens und Verstehens herrschen, damit die gemeinsame Aufgabe auch zu einer gemeinsamen Leistung wird.

Dieses gegenseitige Verstehen ist besonders für die Arbeitsvorbereitung wichtig, denn von dieser hängt der zeitgerechte und reibungslose Ablauf des Einbaus an der Baustelle ab.

2. Vorbedingung — Klarheit

Wenn bei der Planung schon eindeutige Klarheit über die auszuführenden Anlagen herrschen muß, so ist es bei der Arbeitsvorbereitung notwendig, diese Klarheit auch auf scheinbar nebensächliche Gebiete auszudehnen, um dadurch alle Störungen von vornherein zu vermeiden. Dies geschieht am zweckmäßigsten und raschesten mit einem etwa in der nachfolgenden Form abgefaßten Fragebogen, dessen Beantwortung zum Teil schon bei der Planung vorzunehmen ist.

Fragebogen zu Auftrag ......

a) Allgemeines:
1. Auftraggeber?
2. Bevollmächtigter Vertreter?
3. Sachbearbeiter?
4. Auskunft für die Buchhaltung (vertraulich)?
5. Wer entscheidet in technischen Fragen?
6. Wer entscheidet in kaufmännischen Fragen?
7. Wann sind die Hauptpersonen am besten anzutreffen?
8. Haben wir schon früher für den Auftraggeber oder dessen Bevollmächtigten gearbeitet?
9. Sind andere Firmen an der Gesamtausführung mitbeteiligt?
10. Wird die Anlage eine spätere Erweiterung erfahren und in welchem voraussichtlichen Umfang?

11. Von wem wurde der Entwurf ausgearbeitet?
12. Mit wem sind die Vorbesprechungen zu führen?
13. Wer ist für Sondergebiete (Gas, Wasser, Elektrizität, Heizung und Lüftung) zuständig?
14. Wer prüft die Rechnungen?
15. In welcher Form und an wen sind die Rechnungen einzureichen?

b) Baustelle:
    1. Genaue Anschrift der Baustelle?
    2. Anschrift für Postsendungen?
    3. Anschrift für Güterwagenladungen und Stückgüter?
    4. Mit welchen Verkehrsmitteln ist die Baustelle am besten zu erreichen?
    5. Kann die Baustelle fernmündlich erreicht werden?
    6. Wie wird auf der Baustelle gearbeitet?
    7. Werden vom Bauherrn einzelne Lieferungen oder Arbeiten selbst übernommen, und welche?
    8. Allgemeine Bemerkungen?

c) Technische Angaben über die Bauausführung:
    1. Bauweise (Massiv, Stahlskelett, Fachwerk)?
    2. Himmelsrichtung?
    3. Wie sind die Umfassungswände ausgeführt?
    4. Sind Wärmedämmungen vorgesehen?
    5. Wie werden die Innenwände ausgeführt, erhalten Bade-, Waschräume usw. Plattenverkleidung und in welcher Stärke?
    6. Welche Fensterbauarten (Eisen, Holz, Einfach-, Doppel-, Kastenfenster usw.)?
    7. Wie werden Fußböden und Decken ausgeführt?
    8. Außentüren?
    9. Innentüren?
    10. Wie hoch liegt der Grundwasserspiegel?

d) Heizung:
    1. Welche Heizungsart soll vorgesehen werden?
    2. Welcher Brennstoff steht zur Verfügung? (Heizwert und Preis?)
    3. Für welche Zeitdauer kann Brennstoff gelagert werden?
    4. Wie sind die Speisewasserverhältnisse? Härtegrad? Ist Enthärtung notwendig?
    5. Wo sollen die Heizkörper untergebracht werden?
    6. Welche Heizkörperart wird gewünscht?
    7. Vorhandene Schornsteine?
    8. Vorhandene Ent- und Belüftungskanäle?
    9. Schlackenaufzug?
    10. Aschenbehälter?
    11. Allgemeine Bemerkungen?

e) Warmwasserbereitung:
1. Art der Warmwasserbereitung?
2. An welchen Stellen wird Warmwasser benötigt und mit welchen Temperaturen?
3. Welche Warmwassermengen sind erforderlich?
4. Welcher Spitzenbedarf — und wann?
5. Allgemeine Bemerkungen?

f) Bewässerung:
1. Wo werden Wasserzapfstellen benötigt und welche Wassermengen müssen dort in einer bestimmten Zeit zur Verfügung stehen?
2. Ist Straßenzuleitung bereits vorhanden?
3. Welcher Druck? Unterliegt er großen Schwankungen? In welche Zeit fallen diese Schwankungen?
4. Wasserpreis/m³?

g) Entwässerung:
1. Art der Entwässerung?
2. Ist Anschluß an Kanalnetz möglich?
3. Welchen Durchmesser hat der Hauptkanal?
4. Tiefenlage?
5. Wohin gehen die Abwässer?
6. Ist Versickerung möglich? Gestattet?
7. Eigenes Klärbecken?
8. Genügt mechanische — oder ist auch biologische Klärung erforderlich?
9. Bemerkungen?

h) Gasversorgung:
1. Welche Gasgeräte und Gasfeuerstätten kommen zum Einbau?
2. Ist Gasanschluß vorhanden?
3. Welcher Heizwert?
4. Gaspreis? normal .... RM./m³, bei Großanlagen .... RM./m³.
5. Abgasleitungen?

i) Rohrverlegung:
1. Wie sollen die Rohrleitungen verlegt werden? (auf Putz, unter Putz, in Mauerschlitzen oder Rohrkanälen).
2. Welche Leitungen erhalten Abdämmung?
3. Muß an der einen oder anderen Stelle auf gas- oder wasserdichte Durchführung der Leitungen durch Wände und Decken geachtet werden? (Luftschutzraum.)
4. Werkstoff der Rohrleitungen?
5. Mit welchen Abweichungen zwischen Zeichnungsmaß und Baustellenmaß ist zu rechnen?

k) Verschiedenes:

1. Welche Pläne stehen zur Verfügung, Grundrisse, Schnitte, Lageplan, Höhenplan?
2. Ist Wasseranschluß klargestellt?
3. Ist Abwasseranschluß klargestellt?
4. Ist Gasanschluß klargestellt?
5. Welche baupolizeilichen Vorschriften oder Sonderbestimmungen sind zu beachten?
6. Wo ist die Baugenehmigung zu beantragen? (in wievielfacher Ausfertigung, in welcher Form?)
7. Wer nimmt die Anlagen ab?
8. Auftragsfristen?
9. Bis wann soll die Anlage fertiggestellt sein?
10. Voraussichtliche Dauer der Arbeiten?
11. Baubeginn?
12. Übergabe?
13. Allgemeine Bemerkungen.

Auf Grund der Nachprüfungen und Vorbesprechungen an der Baustelle wird die Überarbeitung der Entwurfspläne und Berechnungen zu den sorgfältigst durchgearbeiteten Ausführungsunterlagen erfolgen.

Bei großen Bauvorhaben empfiehlt es sich, durch einen mit der unterteilten Fertigung vertrauten Einrichter einen Probebau fertigstellen zu lassen und auf den Erfahrungen dieses Baues die werkstattmäßige Fertigung weiter auszubauen. Hierbei ist endgültig zu entscheiden, welche Teile in der Werkstatt bearbeitet werden können, welche Teile auf der Baustelle anzufertigen sind — und welche Teile auf der Baustelle lediglich zusammengebaut werden sollen.

3. Worauf es ankommt!

Bei der Unterteilung ist auf folgende Punkte besonders zu achten:

1. **Einbaumöglichkeit unter Berücksichtigung der örtlichen Raumverhältnisse,** d. h. die Leitungselemente müssen so abgegrenzt werden, daß man mit ihnen noch bequem — also ohne nachträgliche Vergrößerung von Wand- und Deckendurchbrüchen — einfahren kann.

2. **Einbaumöglichkeit unter Berücksichtigung der Zusammenschraubbarkeit.** Die Leitungselemente müssen im Bau auch zusammengeschraubt werden können. Es wäre also in dem Beispiel nach Bild 14 bei der angedeuteten Lösung nicht möglich, die Teilstücke 4 und 5, 4 und 6 oder 4, 5 und 6 zu einem Rohrelement zu vereinen, da dieses infolge der Wand nicht eingedreht werden könnte.

3. Unterteilung unter Berücksichtigung geringster zu-
sätzlicher Arbeiten an der Baustelle. Wenn in Bild 14
die Teilstücke 4, 5 und 6 sowie 11, 12 und 13 zu einem Rohrelement vereint würden, so wäre dies nur unter Einschaltung
einer lösbaren Verbindung bei 1 möglich. Ist nun der Abstand
zwischen den T-Stücken in den Teilstrecken 1 und 8 größer oder
kleiner als vorgesehen — was in der Praxis durch die Toleranzen
in den Stockwerkshöhen immer wieder vorkommen kann — so
liegen die Anschlüsse bei 5 und 12 sowie 6 und 13 nicht mehr auf
gleicher Höhe. Diese Stücke müßten also wieder abgeschraubt
und entsprechend geändert werden. Demgegenüber ist es einfacher, die Unterteilung so vorzunehmen, wie dies in Bild 14 vorgesehen ist.

Der Abstand zwischen Badewannenbatterie und Badeofen-
anschlüssen ist feststehend. Die Teilstücke 4, 5 und 6 können also
einbaufertig an Bau geliefert werden. Teilstück 11 wird ebenfalls
vorbereitet, erhält aber bei A kein Gewinde, sondern eine Zugabe,
die der Größe der Toleranz entspricht. Dadurch kann am Bau
nach Einschrauben der Stücke 4, 5 und 6 die genaue Einhaltung
der Anschlußweiten a gewährleistet werden. Die Teilstücke 12 und
13 erhalten auf der Verbindungsseite mit 11 ebenfalls eine Zugabe
ohne Gewinde, so daß die genaue Höhenlage beider Anschlüsse
am Bau hergestellt werden kann. Wir haben in diesem Fall einen
Ausgleich ohne Zwischenschaltung von Sonderstücken geschaffen.

Von den insgesamt 8 Rohrstücken sind also am Bau 3 Stücke
auf genaue Längen zu kürzen. Von 16 Gewinden nur 3 Stück
auf der Baustelle zu schneiden.

4. Unterteilung unter Berücksichtigung der Beförde-
rungsmöglichkeiten. Bei größeren Verteilungsleitungen muß
darauf geachtet werden, daß diese auch noch bequem zu beför-
dern sind. Hierbei ist zu berücksichtigen Länge, Ausladung und
Gewicht.

5. Unterteilung unter Berücksichtigung wirtschaftlicher Werkstättenfertigung. Es muß darauf geachtet
werden, möglichst viele, in den Abmessungen gleichartige Teilstücke zu erhalten, damit die Rüstzeiten auf ein Mindestmaß
beschränkt bleiben. Es geht also z. B. im Siedlungsbau nicht an,
der Teilstrecke 4 in Haus X andere Abmessungen zu geben als
in Haus Z usw.

4. Ausführungsunterlagen

Die Ausführungsunterlagen umfassen die Bau- und Werkstattzeichnungen, die Werkstoffauszüge für Bau und Werkstatt sowie die
Baubeschreibung.

Bauzeichnungen. Die aus den Grundrissen und Strangschemata bestehenden Bauzeichnungen müssen nicht nur die Leitungsführung mit

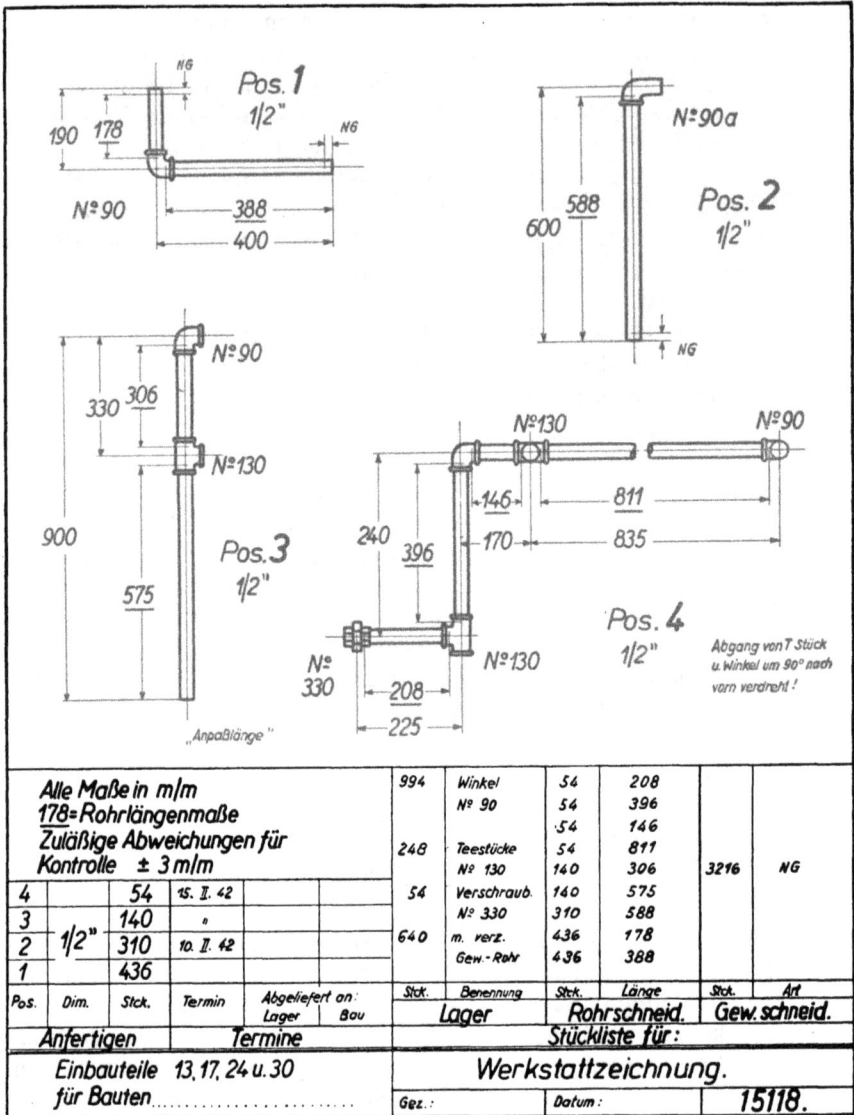

Die folgende Tabelle gehört zur Werkstattzeichnung:

						Stck.	Benennung	Stck.	Länge	Stck.	Art
Alle Maße in m/m						994	Winkel	54	208		
178=Rohrlängenmaße							N° 90	54	396		
Zuläßige Abweichungen für								54	146		
Kontrolle ± 3 m/m						248	Teestücke	54	811		
							N° 130	140	306	3216	NG
4		54	15. Ⅱ. 42			54	Verschraub.	140	575		
3		140	"				N° 330	310	588		
2	1/2"	310	10. Ⅱ. 42			640	m. verz.	436	178		
1		436					Gew.-Rohr	436	388		
Pos.	Dim.	Stck.	Termin	Abgeliefert an: Lager | Bau		Stck.	Benennung	Stck.	Länge	Stck.	Art
Anfertigen			Termine				Lager		Rohrschneid.		Gew.schneid.
Einbauteile 13, 17, 24 u. 30 für Bauten....................								Stückliste für:			
								Werkstattzeichnung.			
						Gez.:		Datum:			15118.

Bild 39. Werkstattzeichnung mit Stückliste
(Der Einfachheit halber sind hier mehrere Rohrteile der gleichen Dimension in einer Zeichnung zusammengefaßt.)

den zugehörigen Abmessungen erkennen lassen — sondern gleichzeitig auch noch die getroffene Unterteilung und aus der Anordnung der Teil-

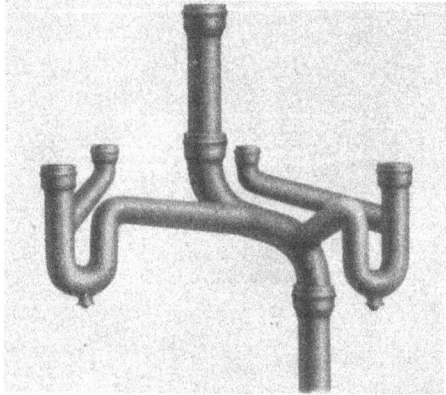

Bild 40. Die unterteilte Fertigung von Abwasserleitungen wird zwangsläufig eine Änderung des Rohrwerkstoffes herbeiführen. So werden z. B. in der Schweiz schon seit Jahren werkstattmäßig geschweißte Abwasserleitungen hergestellt. Zur vollen Ausnutzung der gegebenen arbeitszeitsparenden Möglichkeiten wird jedoch die Stemmuffe der Schraubmuffe weichen müssen. Auf dem Druckrohrgebiet ist z. B. die Schraubmuffe auf dem besten Weg, sich aus gleichen Gründen als Einheitsmuffe einzuführen

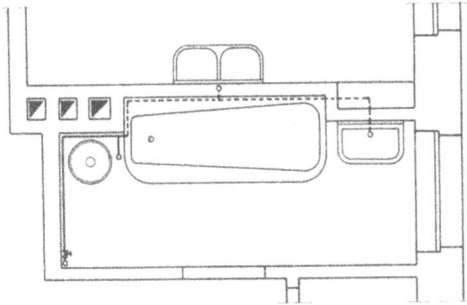

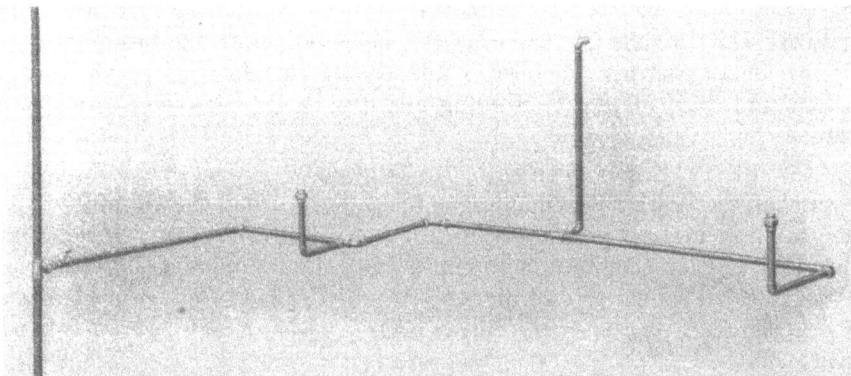

Bild 41. Die Planung und Ausführung werkstattmäßig vorzubereitender Rohrleitungen an Hand der Zeichnungen ist für den Ungeübten nicht gerade einfach, denn sie erfordert bildliches Einfühlungsvermögen, um genau festzulegen, wie und in welcher Reihenfolge die Unterteilung zweckmäßigerweise vorgenommen wird, damit später der Einbau an der Baustelle ohne Schwierigkeiten durchgeführt werden kann. Durch isometrische Darstellungen werden diese Arbeiten jedoch bedeutend vereinfacht und vor allem auch dem Einrichter leichter verständlich gemacht

Bild 42. Ansicht eines RAD-Waschhauses

Ein Schulbeispiel für die sorgfältige Durcharbeitung der Ausführungsunterlagen bilden die in Bild 43—45 wiedergegebenen Einbauzeichnungen des Reichsarbeitsdienstes (auf die Wiedergabe der Rohrdimensionen wurde in den Bildern der Übersichtlichkeit halber verzichtet).
Der RAD faßt die gesamten gesundheitstechnischen Anlagen eines Lagers in einem sog. »Waschhaus« zusammen.
Kalt- und Warmwasserleitungen sowie Heizungsleitungen werden in einzelne Rohrleitungsgruppen, Positionen genannt, aufgeteilt. Diese Positionen müssen eine bequeme Herstellung in der Werkstatt ermöglichen.
Die Verbindung der einzelnen Positionen untereinander muß so gehalten sein, daß ein einfacher Ein- und Ausbau gewährleistet ist. Aus diesem Grund benützt der RAD Verschraubungen als Verbindungteile der Kalt- und Warmwasserleitungen, während für die größeren Durchmesser der Heizungsleitungen eine genormte Flanschverbindung Verwendung findet.

streckennumerierung den vorgesehenen Gang des Einbaues. Das setzt voraus, daß der Maßstab nicht zu klein gewählt wird (nicht unter 1:50), damit die Einzelteile noch erkennbar sind. Besonders wichtige Punkte wird man zweckmäßigerweise in isometrischer Darstellung herauszeichnen, um Unklarheiten zu vermeiden. Teilstücke, die am Bau auf Maß gekürzt werden sollen, müssen an der betreffenden Stelle besonders gekennzeichnet werden. Sofern Sonderstücke für den Ausgleich vorgesehen sind, muß deren Anordnung aus den Bauzeichnungen ersichtlich sein.

Werkstattzeichnungen. Im Gegensatz zu den Bauzeichnungen brauchen die Werkstattzeichnungen nicht den Aufbau der Gesamtanlage zeigen. Dagegen ist es notwendig, für jede Rohrelementart eine besondere Skizze oder Zeichnung mit genauer Stückliste und Maßangabe in die Werkstatt zu geben, so daß die Anfertigung der betreffenden Teile ohne Rückfrage im technischen Büro (TB) vorgenommen werden kann (Bild 39).

Werkstoffauszug Bau. Der Auszug für die Baustelle gliedert sich in zwei Teile.

Im ersten Teil werden die Rohrstücke und Rohrelemente aufgeführt, die von der Werkstatt — bearbeitet — an die Baustelle geliefert werden.

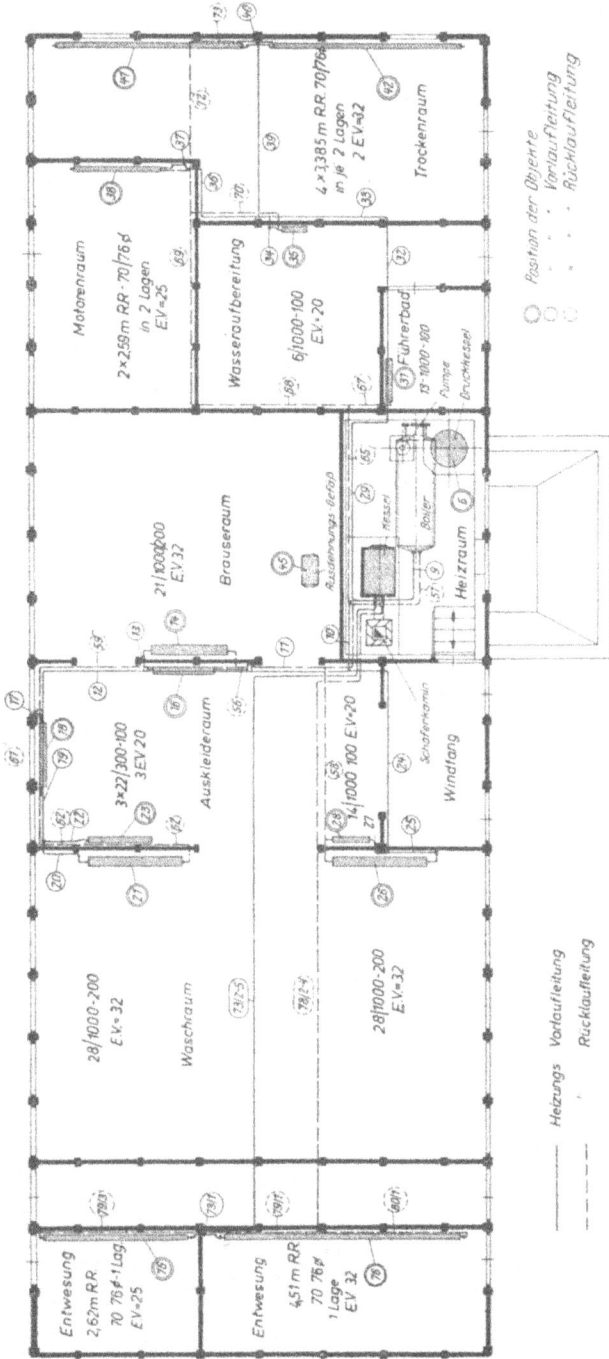

Bild 43. Grundriß eines RAD-Waschhauses. Ausführungszeichnung der Warmwasserheizungsanlage.

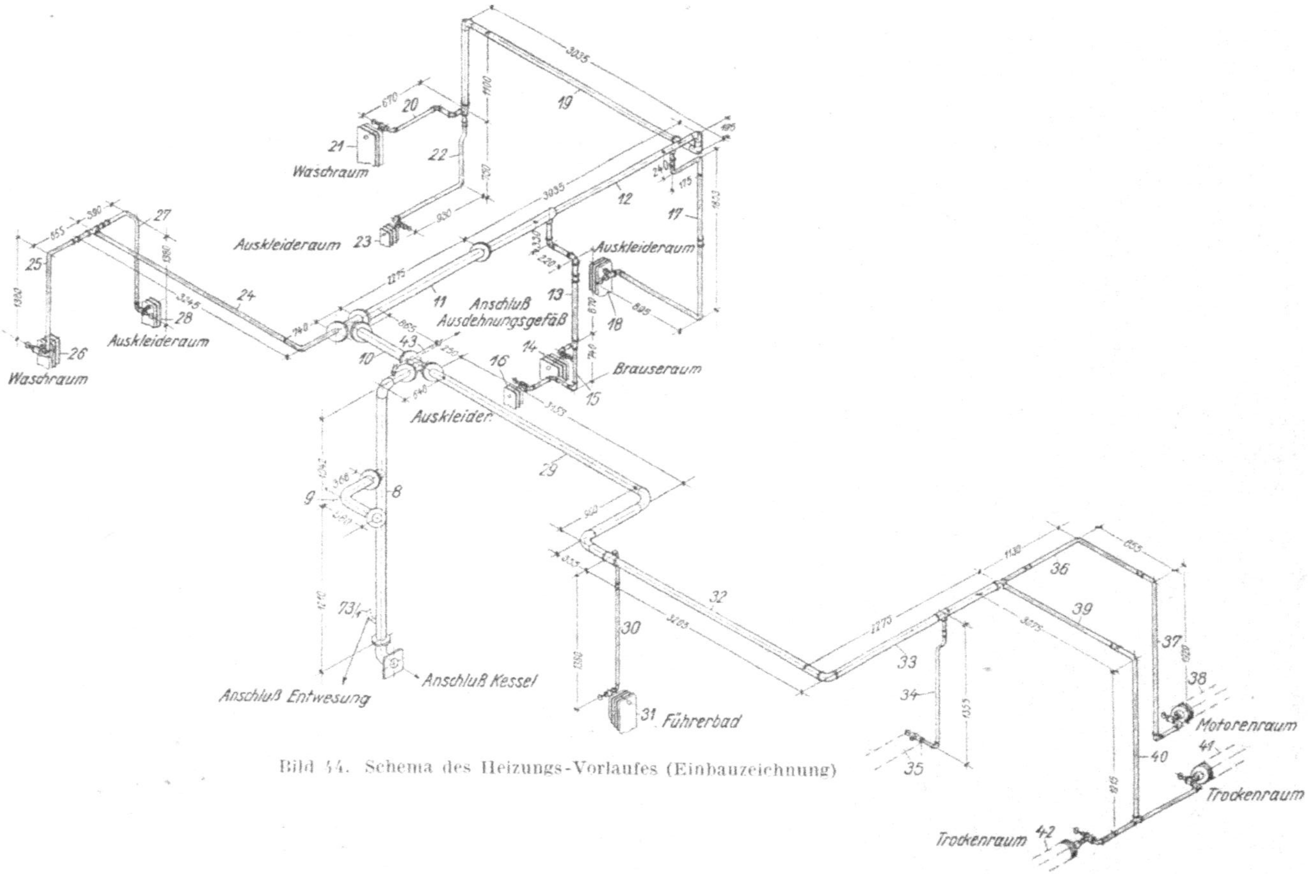

Bild 14. Schema des Heizungs-Vorlaufes (Einbauzeichnung)

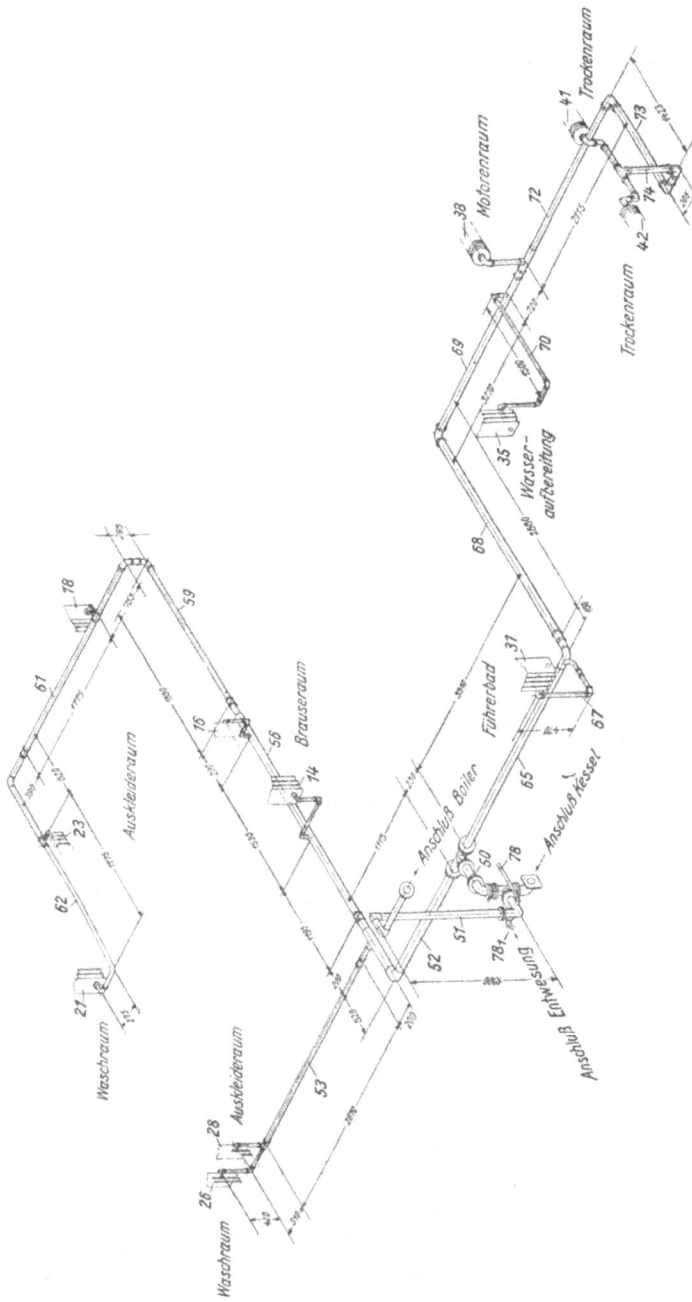

Bild 45. Schema des Heizungs-Rücklaufes (Einbauzeichnung)

Der zweite Teil umfaßt alle übrigen Werkstoffe, die ab Eigen-, Händler- oder Werkslager an die Baustelle geliefert werden.

Teil 2 des Auszuges Bau sowie Auszug Werkstatt enthält also die gesamten für die Anlage erforderlichen Werkstoffe.

Baubeschreibung. Die Baubeschreibung gibt dem bauleitenden Einrichter Aufschluß über Art und Größe sowie sonstige zum Einbau notwendige technische Angaben der auszuführenden Anlage. Sie gibt weiter Hinweise, welche Punkte beim Einbau der Rohrelemente besonders zu beachten sind, mit welchen Teilen begonnen werden muß usw.

5. Arbeitsplanung

In das Gebiet der Arbeitsvorbereitung fällt auch die Arbeitsplanung. Unter normalen Lieferverhältnissen muß die Werkstatt ihre Teile so rechtzeitig fertigstellen, daß an der Baustelle keine Wartezeiten auftreten. Bei den augenblicklichen Verhältnissen erfordert dies eine besonders sorgfältige Lenkung der Werkstattfertigung, mit dem Ziele, vor notwendig werdenden vorübergehenden Bauunterbrechungen wenigstens in sich abgeschlossene Anlageteile einbaufertig zu bekommen.

Ein derartiger reibungsloser Arbeitsablauf an der Baustelle setzt einmal ein übersichtliches Bestellwesen sowie eine geordnete Lagerführung — und zum anderen eine Terminplanung der auszuführenden Arbeiten selbst voraus (Bild 46 und 47).

Die Arbeiten der Arbeitsplanstelle lassen sich deshalb wie folgt kennzeichnen:

1. Arbeitszeitvorausbestimmung für die in der Werkstatt und auf der Baustelle auszuführenden Aufträge,
2. Terminplanung für Beginn der Einbauarbeiten und der Werkstattfertigung unter Berücksichtigung des Vorankommens der Gesamtarbeiten an der Baustelle,
3. Fertigungsfolge der Werkstattaufträge,
4. Überwachung der Bestellungen, Lieferfristen und Lagereingänge.

Es ist verständlich, daß bei dieser Vielzahl von Arbeiten, die ein gutes technisches Einfühlungsvermögen und Organisationstalent voraussetzen, die Arbeitsplanstelle in den Händen eines Mannes liegen muß, der wendig genug ist, um alle Störungen in der Werkstoffanlieferung durch bauliche Verzögerungen usw. zu überbrücken und Leerlaufzeiten zu vermeiden. Daß sich dies nur mit entsprechenden Vollmachten erreichen läßt, beweist die Praxis zur Genüge.

Die Arbeitsplanung entscheidet mit den wirtschaftlichen und arbeitsmäßigen Wert der unterteilten Fertigung im Rohrleitungsbau und verdient deshalb besondere Beachtung.

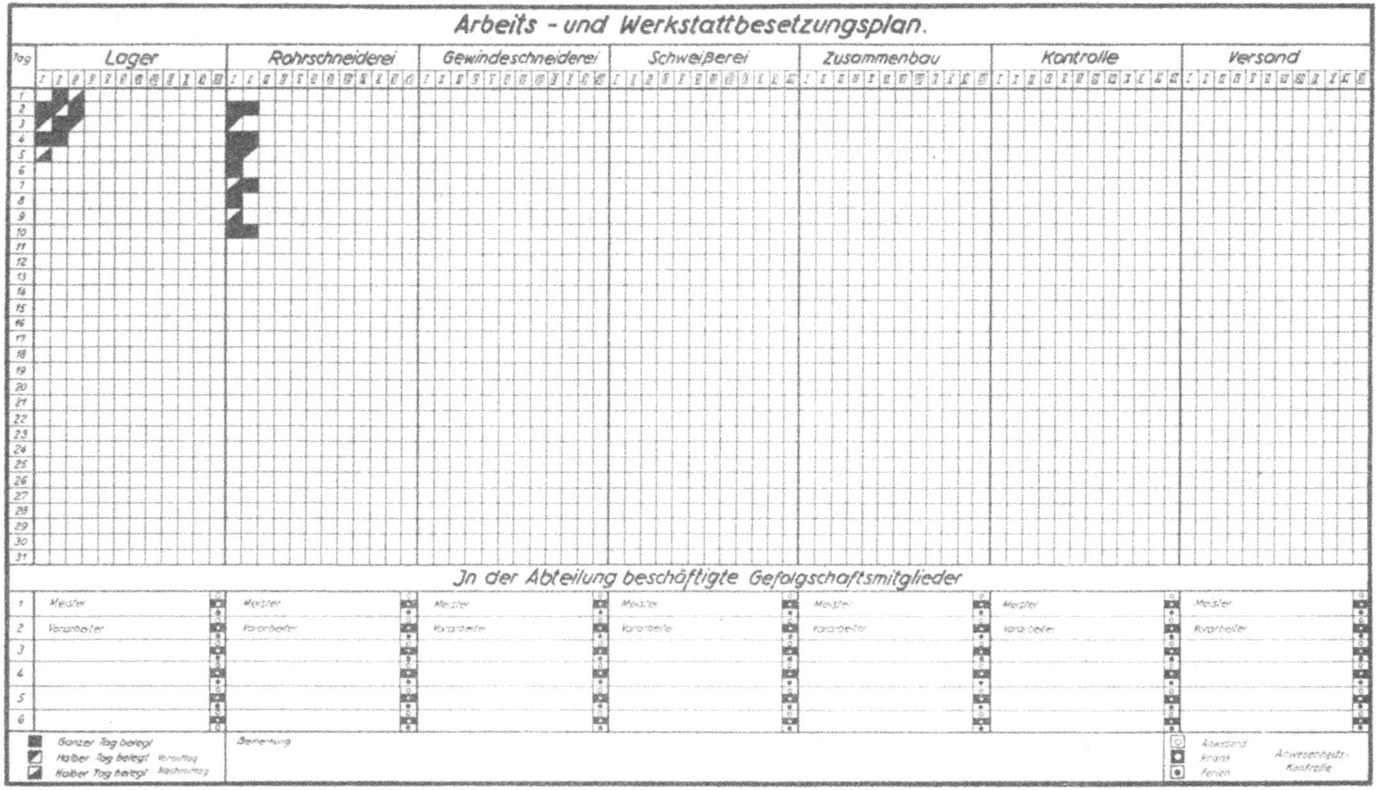

Bild 46. Arbeits- und Werkstattbesetzungsplan mit Gefolgschaftskontrolle

Der Werkstatt-Besetzungsplan ist auswechselbar und für ein Jahr vorgesehen. Durch verschiedene Farben können gleichzeitig die Baustellen für die an dem betreffenden Tag gearbeitet wird, gekennzeichnet werden.

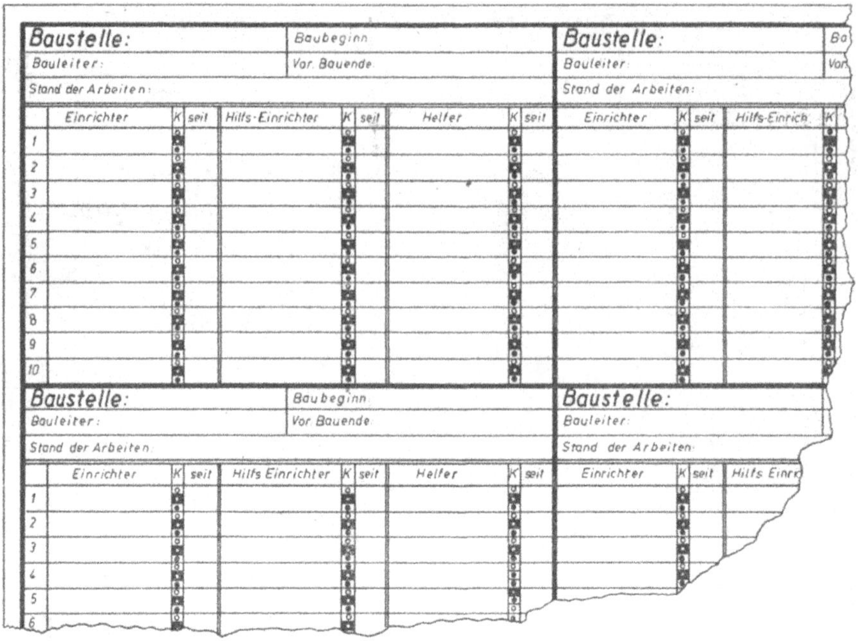

	Einrichter	K	seit	Hilfs-Einrichter	K	seit	Helfer	K	seit	Einrichter	K	seit	Hilfs-Einrich	K

Baustelle: Baubeginn ___ Vor. Bauende ___ **Baustelle:** Ba

Bauleiter: ___ **Bauleiter:** Vor

Stand der Arbeiten: ___ Stand der Arbeiten:

	Einrichter	K	seit	Hilfs-Einrichter	K	seit	Helfer	K	seit	Einrichter	K	seit	Hilfs-Einrich	K
1														
2														
3														
4														
5														
6														
7														
8														
9														
10														

Baustelle: Baubeginn ___ Vor. Bauende ___ **Baustelle:**

Bauleiter: ___ **Bauleiter:**

Stand der Arbeiten ___ Stand der Arbeiten

	Einrichter	K	seit	Hilfs Einrichter	K	seit	Helfer	K	seit	Einrichter	K	seit	Hilfs Einr
1													
2													
3													
4													
5													
6													

Bild 47. Ausschnitt aus einer Plantafel über den Arbeitseinsatz an der Baustelle

XI. Maschinen und Werkzeuge

A. Anforderungen an Maschinen und Werkzeuge

»Zeige mir, mit was du arbeitest —
und ich sage dir, wie du arbeitest!«

Maschinen und Werkzeuge bestimmen das Tempo und die Güte der Arbeit. Es ist deshalb verständlich, daß ihnen im Rahmen dieser Betrachtung ganz besondere Bedeutung zukommt.

Die Art der Anwendung bringt es mit sich, daß an die Bauweise und Güte der Maschinen und Werkzeuge hohe Anforderungen gestellt werden, die gleichzeitig leichte Bedienbarkeit und Verschleißfestigkeit einschließen.

1. Bauweise

Die gleichen Werkzeugarten, die in der Werkstatt zum Zusammenbauen der Rohrteile und zu Hilfsarbeiten Verwendung finden — werden auch draußen an den Baustellen bei den Einbauarbeiten benötigt. Ihre Bauweise soll deshalb unter Ausnützung der mechanischen Eigenschaften guten Werkzeugstahls nicht zu schwer — und vor allem handlich sein.

Eine zweckmäßige Unterteilung des Dimensionsbereiches bei Rohrzangen, Schlüsseln usw. — wie dies bereits bei den »Schwedenzangen« neuerer Konstruktion der Fall ist — erleichtert die Arbeit und trägt gleichzeitig zum richtigen (zerstörungsfreien) Kräfteansatz am Werkzeug und bearbeitetem Teil bei.

Mechanisch betriebene Werkzeuge (Handbohrmaschinen, Werkzeuge mit biegsamer Welle usw.) müssen neben Handlichkeit und einfacher Bedienung auch noch ein unfallschutzsicheres Arbeiten ermöglichen.

Beim Einsatz von Maschinen für den Rohrleitungsbau muß zwischen Werkstatt- und Baustellenmaschinen unterschieden werden.

In den Werkstätten legt man Wert auf eine hohe Leistung im Dauerbetrieb. Dies bedingt — um öftere Reparaturen der Maschinen und damit einen Ausfall an Maschinenarbeitszeit zu vermeiden — kräftige Ausführung aller Teile und dadurch verhältnismäßig hohe Maschinengewichte.

Auf der Baustelle entscheidet neben der Leistungsfähigkeit, einfachen Bedienung und der bei robustem Baubetrieb besonders wichtigen Betriebssicherheit, in erster Linie das Maschinengewicht. Das hat zur

Folge, daß es sich bei den meisten zum Baustelleneinsatz bestimmten oder geeigneten Maschinen um Leichtbaukonstruktionen mit geschweißtem Stahlblechgehäuse oder Leichtmetallgehäuse handelt. Darüber hinaus müssen diese Maschinen bei anfallenden Reparaturen eine rasche Auswechselbarkeit aller Teile, bei einfacher Lagerhaltung von Ersatzteilen, ermöglichen.

Sowohl in der Werkstatt als auch auf der Baustelle muß ein unfallschutzsicheres Arbeiten an den Maschinen gewährleistet sein. Notfalls müssen zusätzliche Unfallschutzsicherungen angebracht werden. Besondere Sorgfalt ist dem elektrischen Teil bei »provisorischen Anschlüssen« auf der Baustelle zu widmen.

2. Antrieb

Die Antriebsfrage wird für die in den Werkstätten zur Aufstellung kommenden Maschinen verhältnismäßig einfach zu lösen sein. Wenn elektrischer Kraftanschluß vorhanden oder möglich, sollte stets Einzelantrieb gewählt werden.

Bei zentraler Kraftquelle können Maschinen mit Riemenantrieb Verwendung finden.

Schwieriger wird die Antriebsfrage beim Baustelleneinsatz. Am einfachsten und zweckmäßigsten ist auch hier der elektrische Einzelantrieb. An fast allen Großbaustellen ist heute eine Anschlußmöglichkeit an das Kraftstromnetz möglich. Notfalls kann ein Anschluß mittels Kabel von einem Nachbargrundstück aus hergestellt werden (zur reibungslosen Abrechnung — Zähler zwischenschalten!). Leider haben wir aber in den verschiedenen Gegenden — manchmal auch schon in verschiedenen Stadtteilen — unterschiedliche Stromarten, so daß die Baustellenmaschinen mit auswechselbarem Motor ausgestattet werden müssen. Das heißt also, daß z. B. Großfirmen — und um solche wird es sich in diesem Fall fast ausschließlich handeln — die in den verschiedensten Gegenden des Reiches arbeiten, zu einer Maschine zwei bis drei gegenseitig auswechselbare Motoren samt elektrischer Ausrüstung beschaffen müssen, um diese Maschine überall einsetzen zu können. Dies wirkt naturgemäß hemmend und verteuernd auf den Einsatz der Maschinen an den Baustellen. Gleichzeitig wird dadurch das Schwergewicht nach der Seite einer möglichst weitgehenden Werkstattfertigung hin verschoben. Doch muß diese Frage vom Standpunkt und vom Arbeitsgebiet jeder einzelnen Firma aus geprüft und entschieden werden. Einfacher wird die Angelegenheit erst, wenn der Allstrommotor, der im Institut für elektrische Maschinen der Techn. Hochschule Hannover entwickelt wurde, seine Fabrikationsreife erreicht hat. Dieser Motor soll sich sowohl an Wechsel- als auch an Gleichstromspannungen von 220 V und nach einfacher Umschaltung an 110 V anschließen lassen (23).

In neuen Siedlungsgebieten, die noch keine Stromversorgung aufweisen, muß unter Umständen der Einsatz eines Dieselmotors, der über ein Vorgelege die wenigen Maschinen antreibt, in Erwägung gezogen werden.

Vielleicht kommen eines Tages einige Großfirmen auch dazu, eigene Werkstattwagen für den Baustelleneinsatz anzuschaffen, die in zweckmäßiger Form alle notwendigen Maschinen und Reserveantriebe vereinen. Dies würde nicht nur die Antriebsfrage, sondern auch den Transport von und zur Baustelle sowie das Verlegen der Werkstätte selbst entsprechend dem Baufortschritt, erleichtern.

3. Wann ist der Einsatz von Maschinen auf der Baustelle gegeben?

Diese Frage ist ohne weiteres berechtigt. Ihre Beantwortung hängt aber von verschiedenen Faktoren ab und muß dementsprechend von Fall zu Fall entschieden werden. Besondere Bedeutung kommt der Art und Größe der auf der Baustelle noch auszuführenden Arbeiten zu. Auch die Anschluß- und Unterbringungsmöglichkeit der Maschinen an der Baustelle sowie die Transportfrage spielen hierbei eine Rolle.

Wenn eine Firma 4—6—8 kleine Siedlungshäuser einzurichten hat, bei denen die Leitungen werkstattmäßig vorbereitet werden, so wird sie wegen den paar auf der Baustelle zu schneidenden Gewinden nicht extra eine Gewindeschneidemaschine hinausschicken, denn hier wäre die bis zur Ingangsetzung der Maschine erforderliche Nebenzeit im Verhältnis zur Gesamtarbeitszeit an der Baustelle viel zu hoch. Das Schwergewicht ist in diesem Fall auf eine sorgfältige werkstattmäßige Vorbereitung zu legen.

Sind dagegen Großbaustellen, Fabrikbauten u. dgl. auszuführen, dann lohnt sich auch auf der Baustelle die Einrichtung einer möglichst zentral gelegenen Bearbeitungswerkstatt (Bild 2).

4. Maschinenarten

Der Umfang des im Rohrleitungsbau möglichen Maschineneinsatzes hängt von der Größe der Firma und damit von Umfang und Art der auszuführenden Arbeiten ab. Eine kleinere Firma kann schon durch den Einsatz einer Gewindeschneidmaschine und einer Rohrtrennmaschine in der Werkstatt — ihre Arbeit wesentlich wirtschaftlicher gestalten.

Großfirmen benötigen dagegen mehrere dieser Maschinen für Werkstatt und Baustellen neben verschiedenen Hilfsmaschinen für den Werkstätten- und Reparaturbetrieb. Es wird sich also im wesentlichen um folgende Maschinenarten handeln:

a) Gewindeschneidmaschinen,
   Rohrtrennmaschinen,
   Rohrbiegemaschinen,

Kaltsägen,
Strehler-Schleifmaschinen,
b) Schlosserdrehbänke,
Hobelmaschinen,
Schmirgel- und Schleifmaschinen,
Ventilatoren für Schmiedefeuer und Feldschmiede.

Bild 48. Verteilerraum für Wasser- und Heizgas in einem Industriewerk. Verteiler und Anschlußleitungen wurden werkstattmäßig vorbereitet

Die hier am meisten interessierenden Maschinenarten finden in den folgenden Abschnitten eine eingehendere Betrachtung.

5. Wer bedient die Maschinen?

Wenn im Rohrleitungsbau Maschinen eingesetzt werden sollen — dann in erster Linie um Facharbeiter für hochwertige Arbeiten frei zu bekommen. Alle Vorbereitungs- und Hilfsdienste müssen also durch an-

gelernte Kräfte ausgeführt werden können. Dies ist — wie die Praxis
beweist — bei den unter a) genannten Maschinen ohne weiteres möglich.
Ein wenig Maschinenverständnis und gesunden Menschenverstand vorausgesetzt, kann ein ungelernter Arbeiter nach 8- bis 14 tägiger Anlern-
zeit mit der selbständigen Arbeit an Gewindeschneid-, Rohrtrenn- oder
Rohrbiegemaschinen betraut werden, sofern das Wechseln der Werkzeuge
durch einen gelernten Fachmann erfolgt. Es ist also nicht so — wie ver-
schiedentlich angenommen wird, daß gerade für die Maschinenarbeit
Facharbeiter erforderlich sind. Selbstverständlich muß der Einrichter
in Zukunft mit der Bedienung der Maschinen genau so vertraut sein, wie
seither z. B. mit den Gewindeschneidkluppen, denn er soll die Hilfskräfte bei der Arbeit leiten und führen — das setzt aber voraus, daß er
jede Arbeit selber vormachen kann.

6. Der Einrichter und sein Werkzeug

Das Werkzeug eines Rohrlegers ist nicht nur die Visitenkarte seiner
Firma — sondern auch ein Gradmesser seiner eigenen Tüchtigkeit.

Leider kann man hier die verschiedensten Dinge erleben. Da gibt
es Firmen, die ihren Leuten Werkzeuge auf den Bau schicken, mit denen
man nur mit wahrer Todesverachtung arbeiten kann. Und umgekehrt
findet man Rohrleger, die in ganz kurzer Zeit aus einem neu zusammen-
gestellten Werkzeug einen Alteisenhaufen machen, so daß man nicht
weiß, steht nun ein Müllkasten oder ein Werkzeugkasten vor einem.

Jede weitblickende Firma wird schon von sich aus dafür sorgen, daß
ihre Leute brauchbares Werkzeug erhalten, mit dem sie auch eine saubere
und fachgerechte, dem heutigen Arbeitstempo angepaßte Arbeitsleistung
vollbringen können. Der Einrichter hat dann aber seinerseits die selbst-
verständliche Pflicht dieses Werkzeug tadellos in Schwung zu halten,
und dessen Vollständigkeit dauernd zu überwachen. Wird dem Einrichter aber die Verantwortung über sein Werkzeug zugesprochen, so
kann diese nur bestehen, wenn er stets dasselbe Werkzeug bekommt, das
er den Arbeitskameraden gegenüber bald als »sein Werkzeug« bezeichnen
wird.

Bei der Werkzeugübernahme wird auf Grund des Werkzeugbuches
die Vollständigkeit der Werkzeuge sowie deren Beschaffenheit festgestellt. Fehlende oder defekte Teile werden besonders vermerkt und anschließend sofort ergänzt oder zur Ausbesserung in die Werkstatt gegeben.

Zur Aufnahme des Werkzeuges ist in jedem Fall eine geeignete Werkzeugkiste erforderlich. Herausnehmbare Fächer verhindern, daß Feilen
und Meißel, Hämmer und Zangen kunterbunt auf dem Transport durch-
einandergewirbelt werden, und dadurch bereits der Grund zur frühzeitigen
Zerstörung der Werkzeuge gelegt wird. Eine derartige Einteilung erleichtert zudem das Aussuchen der benötigten Werkzeuge und damit das
Arbeiten selbst.

Was enthält nun eine solche »Werkzeugkiste« und was wird außer ihrem Inhalt noch zum Arbeiten benötigt?

Um hierauf eine Antwort geben zu können, müssen wir schon unterscheiden, ob es sich um einen Einrichter handelt, der sanitäre Anlagen in ihrem Gesamtumfange erstellen soll (kleine Villen, Landhäuser usw.), der in einer größeren Kolonne beschäftigt, vielleicht nur mit dem Verlegen von Gewinderohrleitungen oder Abwasserleitungen beauftragt ist — oder ob es sich um einen Heizungsbauer handelt. Eine bestimmte Norm läßt sich hier nicht ohne weiteres aufstellen, da in jeder Gegend wieder etwas anders gearbeitet wird. Immerhin werden einige Hinweise von Interesse sein:

Das Werkzeug des Sanitär-Einrichters.

a) Das große Werkzeug, hierzu gehört:

1 gutgebaute und verstrebte Werkbank mit Schraub- und Rohrstock,

1 gr. Bockleiter,	1 kl. Bockleiter,
1 Rohrpresse bis 2″,	1 Rohrpresse bis 1″,
1 Wassereimer,	1 kl. Schneidkluppe bis 1″,
1 Schwedenzange bis $^5/_4$″,	1 gr. Schneidkluppe bis 2″,
1 Schwedenzange bis 2″,	1 kl. Blitzzange bis $^3/_4$″,
1 Engländer,	1 gr. Blitzzange bis $^5/_4$″,
1 Flachzange,	1 Kombinationszange,
1 Kneifzange,	1 Brennerzange,
1 Armaturenzange,	1 Standhahnzange,
1 Paar Spannbacken,	1 Metallsägebogen,
1 Rohrabschneider,	Ersatzsägeblätter,
1 Universalfräser,	1 Bankhammer,
2 Handhämmer,	2 Fäustel,
1 Vorfeile,	1 Halbrundfeile,
1 Rundfeile,	2 Flachmeißel,
2 Kreuzmeißel,	3 versch. Steinmeißel,
1 Holzmeißel,	1 Wasserwaage,
1 Senklot,	1 Fuchsschwanz,
1 Lochsäge,	3 versch. Schraubenzieher,
1 kompl. Dübelwerkzeug samt Fliesen-	1 Schmierölkanne,
bohrer,	1 Leinölkanne,
1 Behälter für Kitt,	Kreide, Putzwolle,

handelt es sich um Umänderungsarbeiten, bei denen noch Bleirohrarbeiten vorkommen, so wird außerdem noch benötigt:

1 Lötlampe,	Lötzinn,
Flußmittel, Biegewerkzeug,	Bleirohraufweiter,

für die Verlegung von Abflußleitungen sind weiter erforderlich:

6 div. Stemmer,	ev. 1 Gießofen mit Gießbecher oder Löffel,

außerdem gehören zu jedem Werkzeug noch:

einige Rohrspitzen,	Schnüre, Seile, Befestigungsdraht,
ein Behälter mit div. Nägeln,	1 Verbandskasten,

ferner Vorhängeschlösser, Vorreiber und Türbeschläge für Werkzeugkiste, Werkbank und Materialaufbewahrungsraum.

b) Das kleine Werkzeug.

Je nach der vorliegenden Arbeit wird es aus dem großen Werkzeug zusammengestellt, um an Transportkosten zu sparen oder den Transport selber zu erleichtern. An Stelle der festen Werkbank tritt dann meist ein zusammenlegbarer Rohrschraubstock, der sog. »Pionier«.

Dieses kleine Werkzeug wird gleichzeitig auch bei Großbauten für die einzelnen Einrichtungskolonnen zusammengestellt, wobei lediglich die Kolonnenführer ein komplettes Normalwerkzeug mit auf die Baustelle bekommen.

Das Werkzeug des Heizungsbauers.

Eine anders geartete Arbeit bedingt auch ein anderes Werkzeug, deshalb läßt sich das Werkzeug des Sanitär-Einrichters nicht ohne weiteres für den Heizungsbauer verwenden — und umgekehrt.

Zum Einbau einer Heizungsanlage werden benötigt:

1 gutgebaute schwere Werkbank mit Schraub- und Rohrstock,
1 Feldschmiede samt Riemen, Feuerzange, Kohlenschaufel und Spieß,
1 Schneidkluppe bis 1″ samt Schneidbacken für Rechts- und Linksgewinde von $^3/_8$ bis 1″,

1 Schneidkluppe bis 2″,	wie vor, jedoch von $^1/_2$ bis 2″,
1 Rohrpresse bis 1″,	1 Schwedenzange bis $^5/_4$″,
1 Rohrpresse bis 2″.	1 Schwedenzange bis 3″,
1 Blitzzange bis $^3/_4$″,	1 gr. Engländer,
1 Blitzzange bis $^5/_4$″,	1 Metallsägebogen,
1 gr. Rohrabschneider,	1 Satz Ventilschlüssel,
2 Radiatorenschlüssel,	1 Satz Schraubenschlüssel,
1 Satz Steckschlüssel,	1 Paar Spannbacken,
1 Universalfräser,	1 Bankhammer,
2 Handhämmer,	1 Bördelhammer,
1 Fäustel,	1 Strohfeile,
1 Flachfeile,	1 Halbrundfeile,
1 Rundfeile,	2 Flachmeißel,
2 Kreuzmeißel,	2 Steinmeißel,
1 Holzmeißel,	3 Durchschläge,
1 Körner,	1 rechter Winkel,
1 Flanschenwinkel,	1 Wasserwaage,
1 Senklot,	1 Fuchsschwanz,
1 Lochsäge,	2 Schraubenzieher,
1 Winkel-Schraubenzieher,	1 Zirkel,
1 Taster,	2 Wassereimer,
1 Schmierölkanne,	1 Leinölkanne,
Steinkreide,	2 Behälter für Dichtungskitt.
Putzwolle,	1 gr. Bockleiter,
1 Karbidlampe,	1 kl. Bockleiter,
Spitzen,	Bindedraht,
Nägel,	Verbandskasten,

außerdem: 1 kompl. Baustellen-Schweißwerkzeug, Vorhängeschlösser, Vorreiber und Türbeschläge für Werkzeugkiste, Werkbank und Materialaufbewahrungsraum.

Das kleine Werkzeug sowie das Werkzeug für in größeren Kolonnen arbeitende Heizungsrohrleger wird je nach Art der Arbeit aus dem großen Werkzeug zusammengestellt.

Verschiedene Arbeiten auf der Baustelle und in der Werkstatt wurden seither mit dem »Hand-Werkzeug« ausgeführt. Ich denke hierbei an Bohrarbeiten, Schlagen von Durchbrüchen und Mauerschlitzen, Verputzen von Schweißarbeiten usw. Alle diese Arbeiten lassen sich durch Einsatz mechanisch betriebener Werkzeuge wesentlich beschleunigen und erleichtern, sie sollten deshalb überall Verwendung finden, wo entsprechende Arbeiten auszuführen sind — und eine Anschlußmöglichkeit gegeben ist.

B. Das Schneiden der Gewinde

Ein beträchtlicher Anteil der Gesamtarbeitszeit des Einrichters entfällt auch heute noch bei Rohrleitungsarbeiten auf das Gewindeschneiden. Ohne Zweifel war dieser Anteil früher noch höher — und wir wundern uns heute, warum der Verbesserung und Erleichterung dieses Arbeitsvorganges scheinbar so wenig Aufmerksamkeit geschenkt wurde.

1. Gewindeschneidkluppen

»Wie war das denn früher?« — Unsere Väter haben noch mit Einbacken-Amerikaner-Kluppen (s. Bild 49) gearbeitet. Um diese Kluppen

Bild 49. »Amerikaner«-Einbackenkluppe mit festen Führungsbüchsen

überhaupt zum Anfassen zu bringen, mußte das Rohrende erst konisch angefeilt werden. Unter großer Kraftanstrengung, mit viel Schweiß, Ärger und einem Schuß Glück konnte dann so etwas Ähnliches wie ein Gewinde zustande gebracht werden — das nur deshalb dicht hielt, weil Hanf und Firnis die ausgerissenen Gewindegänge abdeckten.

Später kamen ähnliche Kluppen in Zweibackenausführung (s. Bild 50). Durch einfache Vierkantschrauben konnten diese Backen nachgestellt werden. Es war aber keinerlei Einstellskala oder sonstige »Merkvorrichtung« angebracht, so daß man nach Gefühl unter stetigem »Probieren« schneiden mußte. Das bedingte oft ein drei- bis

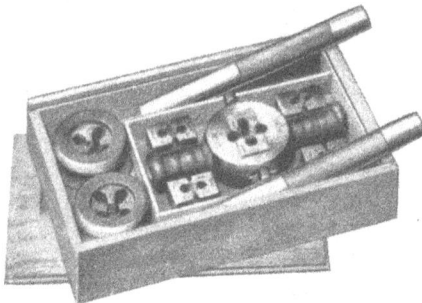

Bild 50. Zweibackenkluppe mit festen Führungsbüchsen

viermaliges »Überschneiden« — und zum Schluß war das Gewinde dann »zu eng« geschnitten und mußte abgenommen werden.

Das Fehlen einer guten konzentrischen Kluppenführung, bei den Kluppen mit zweiteiligen Backen, die Unmöglichkeit einer genauen konzentrischen Verstellbarkeit der Backen zur Achse der Führungsbüchse waren weitere Mängel der Schneidkluppen älterer Konstruktion, die das Zustandekommen einer guten Gewindeverbindung erschwerten. Dazu kam noch, daß diese Kluppen nach dem Schneiden wieder zurückgedreht werden mußten, da ein direktes Abheben nicht möglich war. Dieses »Zurückdrehen« erforderte aber Zeit. Außerdem wurde dabei so mancher Gewindegang »ausgerissen«.

Die Weiterentwicklung der Schneidkluppen brachte eine Aufteilung der Schneidbacken von seither 2 Stück auf 3 bis 4 Stück. Dadurch wurde eine Unterteilung der beim Schneiden wirksam werdenden Kräfte erreicht und als Folge davon das Schneiden selbst erleichtert. Durch eine einfache Backenführung in Verbindung mit bequem ablesbaren Einstell-

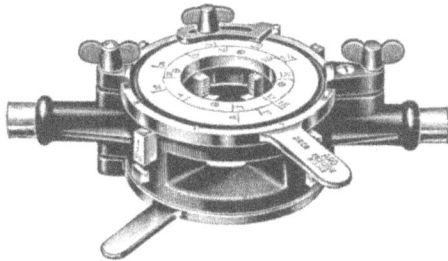

Bild 51. Zweischenkelige Vierbackenkluppe mit verstellbaren Schneide- und Führungsbacken

skalen wurde eine rasche konzentrische Einstellung der Backen ermöglicht. Ein Zurückdrehen nach dem Schneiden kam in Wegfall. Die Kluppe konnte nach dem Schnitt direkt abgehoben werden. Die Kluppenführung erfolgte nicht mehr durch Führungsbüchsen, sondern durch konzentrisch verstellbare Führungsbacken. Durch diese konstruktiven Verbesserungen waren alle Voraussetzungen zum Schneiden von einwandfreien Rohrgewinden geschaffen (s. Bild 51).

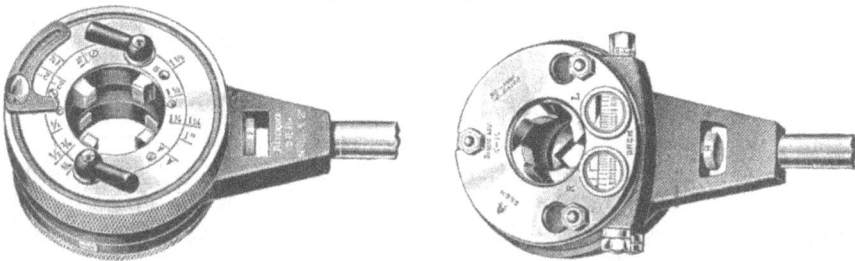

Bild 52 u. 53. Ratschen-Gewindeschneidkluppen mit Radial- und Tangentialbacken, mit Rechts- und Linksgang, Ratschenfeststellung, Anschlag für Feineinstellung gleicher Gewindestärken sowie verstellbaren Schneide- und Führungsbacken

Zwei Mängel hafteten aber auch diesen Konstruktionen noch an. Einmal war es unmöglich, an bereits verlegten Leitungen oder an Leitungsstücke mit überstehendem Rohrbogen usw. Gewinde zu schneiden. Zum anderen erforderte das Gewindeschneiden immer noch erhebliche Kraft. Bei größeren Dimensionen waren meist zwei Mann zum Schneiden notwendig. Diese Übelstände stellte die Werkzeugindustrie durch Schaffung von Ratschenkluppen ab (s. Bild 52 und 53). Mit geringstem Kraftaufwand war nun das Schneiden von Gewinden auch an schwer zugänglichen Stellen durch einen Mann möglich. Mit der Änderung des Angriffspunktes seiner Hand am Kluppenschenkel kann der Arbeiter bequem die aufzuwendende Kraft regulieren, wobei er stets die für ihn günstigste Hebelstellung einhalten wird. Dies ist bei den zweischenkligen Kluppen nicht möglich, da hier jeweils eine halbe Drehung erforderlich ist, bis die günstigste Schenkelstellung erreicht wird.

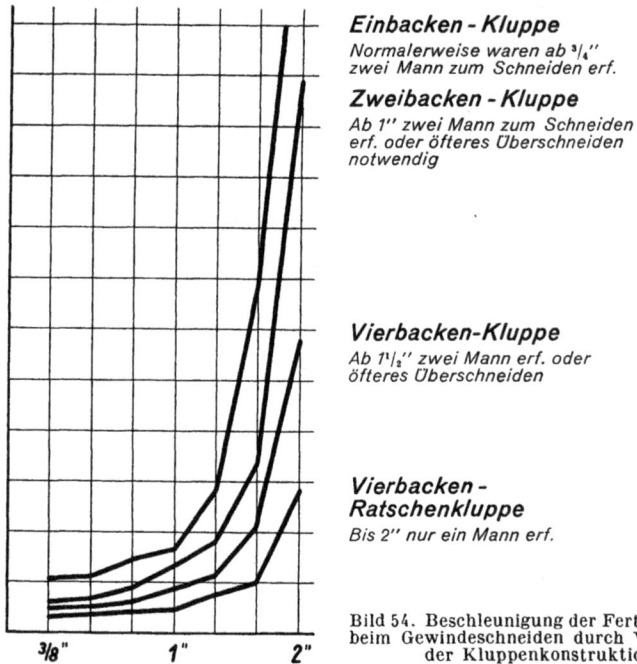

Einbacken - Kluppe
*Normalerweise waren ab ³/₄"
zwei Mann zum Schneiden erf.*

Zweibacken - Kluppe
*Ab 1" zwei Mann zum Schneiden
erf. oder öfteres Überschneiden
notwendig*

Vierbacken-Kluppe
*Ab 1¹/₂" zwei Mann erf. oder
öfteres Überschneiden*

**Vierbacken -
Ratschenkluppe**
Bis 2" nur ein Mann erf.

Bild 54. Beschleunigung der Fertigungszeiten beim Gewindeschneiden durch Verbesserung der Kluppenkonstruktionen

Wir sehen also, daß bei den Gewindeschneidkluppen ganz beträchtliche konstruktive Verbesserungen im Laufe der Jahre durchgeführt wurden, die neben einer Herabsetzung der zum Schneiden erforderlichen Kraft auch eine Verkürzung der Schneidzeiten zur Folge hatten (Bild 54). In ihrer weiteren Auswirkung verhinderten aber gerade diese konstruktiven Verbesserungen — und hier insbesondere die Schaffung der Ratschenkluppen — die Mechanisierung des Schneidvorganges.

2. Konstruktionen und Patente

In Nr. 9 des 61. Jahrganges der »Deutschen Klempner-Zeitung« fragt E. Seidel:

>*Wo bleibt die auf jede Baustelle mitzunehmende, automatisch arbeitende Gewindeschneidkluppe? Bei dem Facharbeiter- und Nachwuchsmangel in Verbindung mit den nach dem Krieg zu erwartenden Aufträgen eine dringende und geradezu zwingende Notwendigkeit.*«

An Versuchen zur Schaffung einer automatischen Gewindeschneidkluppe hat es nie gefehlt (s. Bild 55 bis 59). Daß diese »Kluppe«, die doch sicher ein großer Erfolg für Konstrukteur und Hersteller werden würde, nicht kam, hat ihre tieferen Ursachen.

Bild 55 bis 59. Ältere Ausführungen von transportablen Gewindeschneidmaschinen mit einsetzbarer Rohrabschneidevorrichtung. (Die Abbildungen sind einem Katalog aus dem Jahre 1905 entnommen)

Die Einrichter sahen nur die »Kluppe«. Diese sollte mechanisiert werden. Die Konstrukteure ließen sich von diesen »Anforderungen« leiten, ohne daß ihnen die falschen Voraussetzungen, die sie ihren Entwürfen zugrunde legten, bewußt wurden. So entstanden Zwittergebilde, die weder Kluppe noch Maschine waren und in keiner Weise befriedigen konnten. In irgendeiner Werkstattecke haben sie nach kurzer Probezeit ein frühes Ende gefunden. Vielen sind sie überhaupt nie bekannt geworden. Den Sieg trug die Ratschenkluppe davon. Das kommt deutlich an einigen Konstruktionsbeispielen aus Patentschriften der letzten 20 Jahre zum Ausdruck. Die erstaunlicherweise kaum von den bereits um die Jahrhundertwende auf dem Markt befindlichen Konstruktionen abweichen (s. Bild 55 bis 59).

Bild 60 zeigt einen Schnitt durch eine Gasgewindeschneid- und -abstechmaschine. »Die Maschine kann entweder von Hand oder durch motorische Kraft angetrieben werden.« Die zum Tragen der Werkzeuge bestimmte Hauptspindel sollte als Hohlkörper ausgebildet werden und zugleich eine durchgehende Schnittbewegung sowie eine Vorschubbewegung im Axialsinn ausführen, während das Werkstück in einem auf der Maschine festen Schraubstock einspannbar war. Die Maschine sollte mit Gewindeschneidstahl bzw. mit Vierbackenschneidkopf ausgestattet werden.

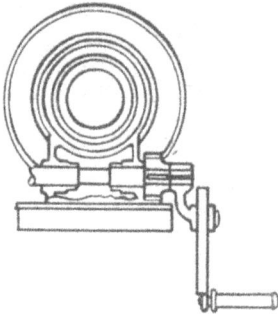

Bild 60. Gewindeschneidmaschine mit Schneckenradübersetzung und Hand- bzw. Motorantrieb (Schweizer Patent vom Jahre 1925)

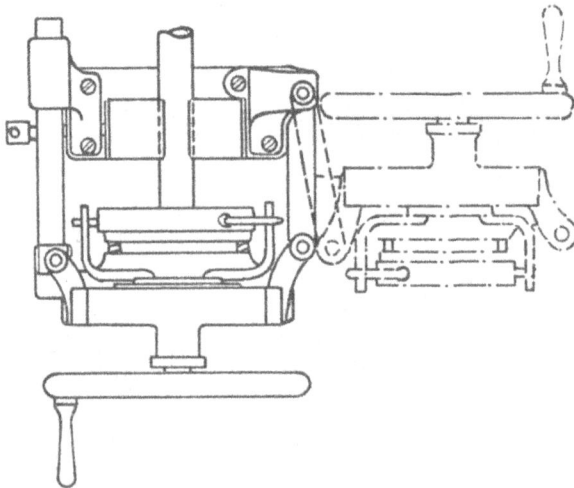

Bild 61. Ausschwenkbare Gewindeschneidkluppe mit Zahnradübersetzung und Handradantrieb (Schweizer Patent vom Jahre 1934)

In Bild 61 wurde die Gewindeschneidkluppe einem Rohrschraubstock vorgelagert und, um mit dem Rohr einfahren zu können, aus-
schwenkbar angeordnet. Die Betätigung der Kluppe sollte über ein
Zahnradgetriebe mittels Handrad vorgenommen werden. Beim Transport wurden die einzelnen Teile auseinander genommen.

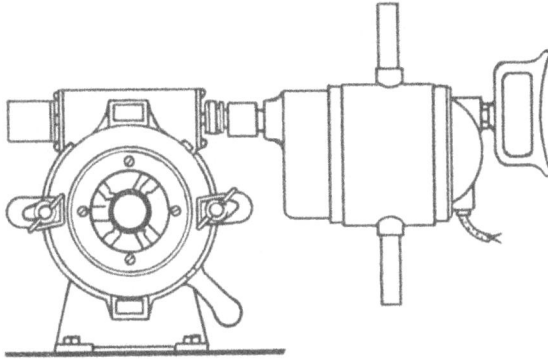

Bild 62. Gewindeschneidkluppe mit Schneckenradübersetzung und Motor- bzw. Handkurbel-
antrieb (Amerikanisches Patent vom Jahre 1934)

Die Konstruktion nach Bild 62 besteht im wesentlichen aus einer
gewöhnlichen Gewindeschneidkluppe, bei der ein Zahnkranz mit Schnek-
kenrad angeordnet wurde. Die Bewegung sollte mittels Handkurbel oder
durch Aufstecken eines kleinen in der Hand gehaltenen
Elektromotors erfolgen.

Die Gewindeschneidmaschine nach Bild 63 war mit
Kurbelantrieb und Zahnradvorgelege ausgestattet und
unmittelbar am Rohrschraubstock beweglich angebracht.

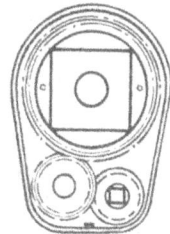

Bild 63. Gewinde-
schneidmaschine mit
Zahnradübersetzung
und Kurbeltrieb
(Deutsches Patent
vom Jahre 1935)

Diese Konstruktionsbeispiele zeigen, daß die Konstrukteure zu sehr an der Kluppenausführung hängen
blieben, und diese lediglich durch Zusatz einiger Elemente mechanisieren wollten. So entstanden verhältnismäßig teure Konstruktionen, die doch keinerlei
Vorteile brachten. Denn es ist klar, daß durch Handrad oder Kurbelantrieb in Bewegung gesetzte Gewindeschneidkluppen an Kraft- und Arbeitszeiterleichterung
nicht das erreichen konnten, was in der Ratschenkluppe so einfach
und bequem vereinigt war.

Eine amerikanische Patentschrift aus dem Jahre 1927 hat sich von
diesem »Kluppengedanken« bereits freigemacht (s. Bild 64). Allerdings
wurde hier nicht der Schneidkopf in Bewegung gesetzt, sondern das
Werkstück selber. Dies ist aber bei längeren Rohrstücken nicht gerade
einfach und führt auch zu einer vorzeitigen Zerstörung des Schneidkopfes.

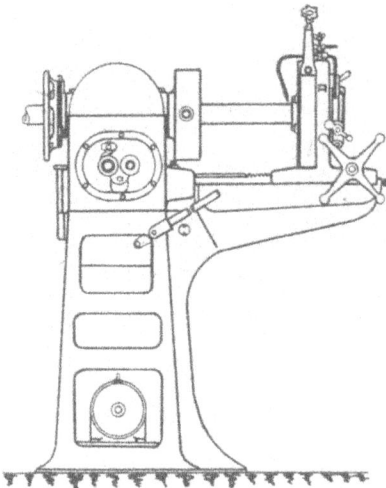

Bild 64. Gewindeschneidmaschine mit fest-
stehendem Schneidkopf und rotierendem
Werkstück
(Amerikanisches Patent vom Jahre 1927)

Schon an diesen wenigen Beispielen zeigt sich klar, welchen Anforderungen Gewindeschneidmaschinen
genügen sollen:

1. Es dürfen keine mechanisier-
ten Kluppen sein, sondern sie müssen
den Charakter einer wirklichen Maschine tragen, damit die an sie gestellten Anforderungen auf Verkürzung der Arbeitszeiten, einfache Bedienung und Betriebssicherheit auch
vollauf erfüllt werden können.

2. Irgendwelche handbetätigten
»Maschinen« scheiden von vornherein
aus. Es kann sich also nur um Maschinen mit elektrischem Einzelantrieb oder bei Aufstellung in Werkstätten mit Transmissionsantrieb
handeln.

3. Eine Kombination dieser Maschinen mit Rohrschraubstock und
Werkbank ist sinnlos und würde dem unter 1 und 2 Gesagten entgegenstehen. Die Maschinen müssen deshalb zweckmäßig ausgebildete Spann-
stöcke aufweisen, wobei als selbstverständlich vorausgesetzt wird, daß
das Werkstück stillsteht.

4. Die Gewindeschneidköpfe sollen entsprechend dem unter 3. Gesagten die Schnittbewegung ausführen. Sie müssen leicht bedient werden
können, gleichmäßige und genaue Gewinde ergeben und die Gewinde
selbst auf einen Schnitt herstellen.

Die Schneidbacken der Gewindeschneidköpfe müssen leicht auswechselbar und nachschleifbar sein.

Einige bewährte Konstruktionen, die diesen Anforderungen genügen, sollen im folgenden Abschnitt näher beschrieben werden.

3. Gewindeschneidmaschinen

Die Anforderungen an Gewindeschneidmaschinen beim Baustelleneinsatz sind praktisch dieselben wie beim Werkstatteinsatz. Zusätzlich
wird jedoch noch besonderer Wert auf leichtes Gewicht gelegt. Wenn
hier nicht die gleichen Fehler gemacht werden sollen, wie wir dies im
vorhergehenden Abschnitt gesehen haben, so dürfen die Ansprüche an
das Gewicht der für den Baustelleneinsatz geeigneten Gewindeschneidmaschinen nicht übertrieben werden. Zur Erreichung bestimmter Anforderungen müssen nun einmal die hierfür notwendigen Konstruktionsteile und Materialmengen eingesetzt werden.

Bild 65 u. 66. Gewindeschneidmaschine für den Baustelleneinsatz

Eine transportable und bereits bestens bewährte Gewindeschneidmaschine für den Baustelleneinsatz zeigt Bild 65 bis 66. Die Maschine ist in Leichtbauweise ausgeführt und wiegt 170 kg. Die Füße sind abnehmbar angeordnet und können nach Umstecken als Tragrohre Verwendung finden. Während des Transports werden sie am Maschinenbett

Bild 67. Wagner-GEWE-Gewindeschneidmaschine für den Werkstatteinsatz

Modell GTM 3

Bild 68. Germania-Gewindeschneidmaschine für den Werkstatteinsatz

untergebracht. Das Maschinengehäuse ist in geschweißter Stahlblech-konstruktion ausgeführt. Das Antriebsschneckenrad in Stahlbronze. Einige wenige Teile in Leichtmetall. Eine Kühlmittel-Umlaufpumpe mit eingebautem Behälter und Rohrleitung ist ebenfalls vorgesehen. Der Elektromotor ist der Einfachheit halber auf dem Getriebekasten unter-

gebracht und besitzt Oberflächenkühlung. Die Maschine ist mit einem
Strehlerbacken-Schneidkopf ausgestattet und schneidet Rohrgewinde
von $^3/_8$ bis 2″.

Gewindeschneidmaschinen für den Werkstätteneinsatz zeigt Bild
67 und 68.

Die »GEWE«-Gewindeschneidmaschine besitzt einen starken ge-
drungenen Aufbau. Übersichtlichkeit, einfache Bedienung und rasche
Auswechselbarkeit der Werkzeuge sind ihre besonderen Kennzeichen.
Die Maschine wird mit Voll- und Leerscheibe oder bei elektrischem
Einzelantrieb mit direkt gekuppeltem Motor ausgestattet. Ein solid
ausgeführtes Schieberädergetriebe gestattet die Schaltung von vier Ge-
schwindigkeiten. Die Spindel ist in ihrer ganzen Länge durchbohrt, so
daß Gewinde in jeder beliebigen Länge geschnitten werden können. Der
Spannstock ist zur bequemen Einführung der Rohre oben offen. Eine
eingebaute Kühlmittelumlaufpumpe sorgt für die notwendige Kühlung
der Schneidwerkzeuge. Das Unterteil der Maschine ist als Sammel-
behälter für das Kühlwasser und als Werkzeugschrank ausgebildet. Die
anfallenden Späne werden in einem ausziehbaren Kasten gesammelt.
Das Öffnen und Schließen des Schneidkopfes geschieht durch Verschieben
des Exzenterringes mit Hilfe eines Mitnehmerringes und einer Ausrück-
stange.

Das für kleinere Betriebe geeignete Modell »WC« ist mit einem
»GEWE«-Schneidkopf ausgestattet und schneidet Rohrgewinde bis 2″.
Das Gewicht der Maschine ohne Motor beträgt 650 kg. Der erforderliche
Platzbedarf (Maschinengrundfläche) ist 1700 × 850 mm.

Das schwerere Modell »WD« ist für Dauerbetrieb vorgesehen. Es
besitzt ebenfalls einen »GEWE«-Schneidkopf für einen Schneidbereich
bis 2″. Das Gewicht dieser Maschine beträgt ohne Motor 750 kg. Die
Größe der Maschinengrundfläche wird mit 1850 × 900 mm angegeben.
Ähnliche Modelle werden auch für einen Dimensionsbereich bis 6″ gebaut.

Die Gewindeschneidmaschinen Modell »GTM 3« sind ebenfalls neu-
zeitlichster Konstruktion. Maschinenbett und Spindelstock besteht aus
einem Gußstück, das zusammen mit einem kräftigen Fuß das Maschinen-
gestell bildet. Der Fuß dient zum Teil als Behälter für die Kühlflüssigkeit.
Der Antrieb erfolgt durch einen im Fuß untergebrachten Elektromotor
der über einen Keilriemen die Antriebswelle treibt. Über mehrere Zahn-
räderpaare erfolgt dann von dort aus die Kraftübertragung auf die
Schneidkopfspindel. Der eingebaute Räderkasten gestattet durch Umstecken der Räder die Schaltung von vier verschiedenen Drehzahlen.

Auch diese Maschinen sind mit Strehlerbacken-Schneidköpfen ausgestattet. Das Einstellen und Auswechseln der Backen erfolgt mit Hilfe
einer Lehre. Die Backen können während des Ganges der Maschine
durch einen Handhebel geöffnet und geschlossen werden, außerdem ist
durch einen einstellbaren Anschlag noch Selbstauslösung möglich.

Die Maschine schneidet Rohrgewinde von ½ bis 2″. Das Gewicht beträgt 720 kg.

4. Gewindeschneidköpfe

Der wichtigste Teil an den Gewindeschneidmaschinen ist der Gewindeschneidkopf.

Der Wagner-»GEWE«-Strehlerbacken-Schneidkopf (s. Bild 69) stellt eine besonders kräftige Bauart mit patentierter radialer Halterführung

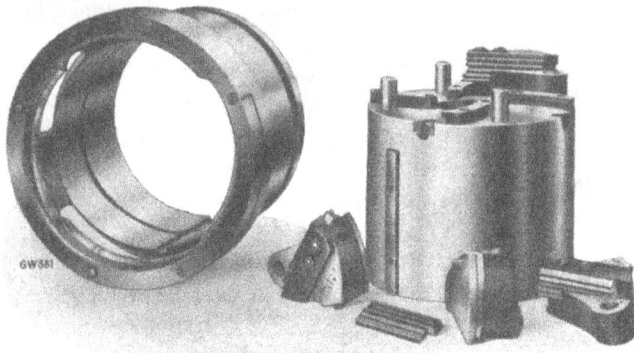

Bild 69. GEWE-Strehlerbacken-Schneidkopf. Eine besonders kräftige Bauart mit patentierter radialer Halterführung

dar. Die Strehlerbacken stehen hierbei soweit über den Kluppenring vor, daß bis dicht an einen Bund noch Gewinde angeschnitten werden können.

Die Gewindeeinstellung liegt im Schneidkopf selbst. Sie erfolgt im Stillstand durch Verdrehen des Exzenterringes nach Skala. Sämtliche Gewinde sind auf einen Schnitt herstellbar. Eine freie Späneabfuhr ist durch die vorstehenden Strehlerbacken gewährleistet.

Der Schneidkopf ist vollkommen in sich abgeschlossen und schneidet mit entsprechenden Werkzeugen sowohl Rechts- als auch Linksgewinde.

So fest und sicher die Strehlerhalter während der Arbeit im Schneidkopf sitzen, so leicht sind sie auswechselbar. Nach Zurückschieben des Kluppenringes werden sie aus ihren Führungen geschwenkt und herausgezogen. Die Strehler selbst lassen sich in wenigen Minuten wechseln.

Die Strehlerbacken werden aus Schnellschnittstahl hergestellt. Das Gewindeprofil ist auf die ganze Backenlänge eingefräst und gehärtet.

Bei den hohen Schnittgeschwindigkeiten ist die Beanspruchung der Strehler naturgemäß größer als dies der Einrichter von den Schneidbacken der Kluppen her gewohnt ist. Dies macht ein öfteres Nachschleifen erforderlich. Um hierdurch keine Arbeitsunterbrechung zu erleiden, empfiehlt es sich auf der Baustelle und in der Werkstätte einige Satz Strehler in einsatzfähigem Zustand auf Lager zu halten.

5. Strehler-Schleifvorrichtungen

Das Nachschleifen stumpf gewordener Strehler erfolgt nur auf der Brustseite. Das Ausglühen, Nachschneiden mit Backenbohrern und Neuhärten fällt im Gegensatz zu Radialschneidbacken fort, da die Gewindeform bis zur völligen Abnützung der Strehler erhalten bleibt.

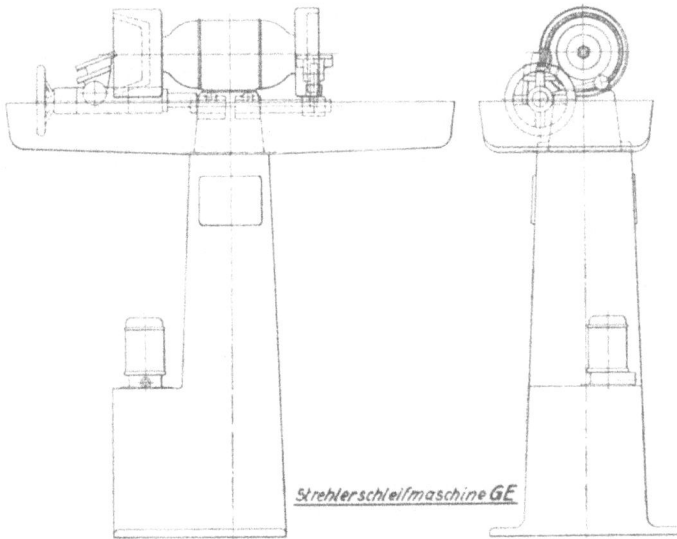

Bild 70. Wagner-Strehlerschleifmaschine mit zwei Supporten zum regelmäßigen Schleifen von Strehlern für Rechts- und Linksgewinde, mit eingeschraubtem El-Motor

Genaue und saubere Gewinde sind nur zu erreichen, wenn der Schnittwinkel der Strehlerbacken der Werkstoffhärte entspricht und der Schleifwinkel genau dem Steigungswinkel der Gewinde angepaßt ist. Diesen Anforderungen wird am besten die in Bild 70 gezeigte Strehler-Schleifmaschine mit zwei Supporten zum regelmäßigen Schleifen von Strehlern für Rechts- und Linksgewinde gerecht. Die Spannvorrichtung dieser Strehler-Schleifmaschine ist auf einer Welle schwenkbar und nach zwei Gradeinteilungen in jedem Winkel senkrecht und waagerecht einstellbar, so daß der Schnittwinkel der Strehler genau der Werkstoff-

Bild 71. Strehler-Aufspannvorrichtung zum Nachschleifen von Strehlern auf gewöhnlichen Werkzeugschleifmaschinen

härte und der Schleifwinkel dem Steigungswinkel der Gewinde entsprechend angepaßt werden kann.

Für gewöhnliche Werkzeugschleifmaschinen mit verstellbarem Tisch
gibt es auch eine Strehler-Aufspannvorrichtung (s. Bild 71), die senkrecht
und waagerecht drehbar und mit zwei Gradeinteilungen versehen ist, so
daß auch mit ihr ein genaues Nachschleifen der Strehler ermöglicht wird.

6. Wie sind die Gewinde zu schneiden?

Als Gewindeverbindung zwischen Gewinderöhren und Rohrverbindungsstücken bzw. Armaturen ist nach DIN 2999 die Paarung eines
kegeligen Außengewindes mit einem zylindrischen Innengewinde vorgesehen. Lediglich Langgewinde erhalten ein zylindrisches Außengewinde.

Zu den Gewindeschneidmaschinen sind also zwei Satz Strehlerbacken für konisches bzw. zylindrisches Whitworth-Rohrgewinde (s.
DIN 259) erforderlich.

Die »Weite« des konischen Gewindes muß nun so gehalten werden,
daß sich ein Röhrenverbindungsstück von Hand, ohne besondere Kraftanstrengung, etwa bis zur Hälfte der Gewindelänge aufschrauben läßt.
Bei zylindrischen Gewinden soll die Muffe von Hand mit geringem Spiel
auf das Rohrgewinde aufgeschraubt werden können.

Einstell-Tabelle für Schneidkluppen								
Kluppe: .... Nr: .... Größe:								
Rechtsgewinde								
1/2''			3/4''			1''		
Vor-	Nach-schneiden	Fertig-	Vor-	Nach-schneiden	Fertig-	Vor-	Nach-schneiden	Fertig-.
....	....	....	....	....	....	....	....	....
....	....	....	....	....	....	....	....	....
....	....	....	....	....	....	....	....	....
....	....	....	....	....	....	....	....	....
Linksgewinde								
....	....	....	....	....	....	....	....	....
....	....	....	....	....	....	....	....	....
....	....	....	....	....	....	....	....	....
....	....	....	....	....	....	....	....	....

Bild 72. Einstelltabelle für Gewindeschneidkluppen

Um schon bei den Kluppen eine gewisse Gleichmäßigkeit in der
»Gewindeweite« zu erhalten und gleichzeitig das jedesmal notwendig
werdende »Neueinstellen« zu erleichtern — gehen die Einrichter her und
schreiben sich die Einstellzahlen ihrer Kluppen auf den Deckel der Werkzeugkiste oder an die Werkbank. Einfacher ist es am Kluppenkasten
eine Einstelltabelle nach Bild 72 anzubringen, dann hat jeder Ein-

richter, der die Kluppe auf den Bau bekommt, sofort einen Anhalt wie mit dieser geschnitten werden muß. Notwendig werdende Berichtigungen sind selbstverständlich auf der Tabelle nachzutragen.

An den Gewindeschneid- maschinen ist nur ein »Ein- stellen« bei Dimensions- wechsel notwendig. Dieses Einstellen wird je nach Schneidkopf an Hand einer Einstellskala oder einer Ein- stellehre vorgenommen. Ein Anschlag sorgt dann dafür, daß die einmal eingestellte »Gewindeweite« dauernd er- halten bleibt. Dadurch fällt das zeitraubende»Probieren« nach jedem Schnitt fort, außerdem erleichtern die gleichmäßigen Gewinde den

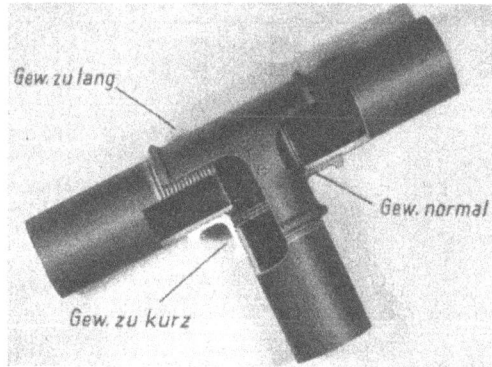

Bild 73. Der Zusammenbau von Verbindungsstück und Rohr soll so erfolgen, daß nur ein Gewindegang des Rohres unbedeckt bleibt. Auf richtige Gewindelänge ist deshalb besonders zu achten

Zusammenbau. Dieser Zusammenbau soll so erfolgen, daß nur ein Gewindegang frei bleibt (Bild 73).

Ein kleiner Wink für den Zusammenbau von Rohrlei- tungsteilen: Mit der Kluppe geschnittene Gewinde sind meist etwas rauh, während maschinengeschnittene Gewinde glatter sind. Dieser Tatsache muß beim Zusammenbau dadurch Rechnung getragen werden, daß bei den letzteren zum Abdichten nur wenig Hanf verwendet und dieser straff in die Gewindegänge eingezogen wird.

Um ein maßgenaues Arbeiten zu erreichen, und um die Toleranzen für den Zusammenbau möglichst eng zu halten, ist es weiter notwendig, die Gewinde genau nach vorgeschriebener Länge zu schneiden. Hierbei müssen wir unterscheiden:

 a) Normale Gewindelängen (Kurzzeichen: *NG*), wie diese zum Zusammenbau von Röhren und Rohrverbindungsstücken erfor- derlich sind,

 b) Kurzgewinde (Kurzzeichen: *KG*) zum Anschluß an Armaturen (Heizungs-Regulierventile usw.),

 c) Langgewinde (Kurzzeichen: *LGA*) für Toleranz-Ausgleich- stücke unter Verwendung von Langmuffen Nr. 278 und Gegen- ringen Nr. 312.

Über die Gewindelängen selbst gibt nachstehende Zahlentafel Aufschluß:

Dimension	Gewindelänge 1 in mm		
	Normal-Gew. NG	Kurz-Gew. KG	Lang-Gew. LGA
3/8''	13	11	—
1/2''	16	11	75
3/4''	19	13	84
1''	22	16	96
5/4''	25	16	110
1¹/₂''	25	19	120
2''	28	19	137
2¹/₂''	32		163
3''	35		186
4''	41		
5''	44		

Zahlentafel 6. **Gewindelängen**

Zur Kontrolle der Gewindelängen fehlte es bis jetzt an einer einfachen Lehre. Das Nachmessen mit dem Meterstab ist einmal zu ungenau und zum andern auch zeitraubend — ganz abgesehen davon, daß der Maschinenarbeiter die unterschiedlichen Gewindelängen nicht alle im Kopf behalten kann. Diesem Übelstand hilft die in Bild 74 gezeigte Gewindelängenlehre ab. Ihre Verwendung ist bei der unterteilten Fertigung unentbehrlich.

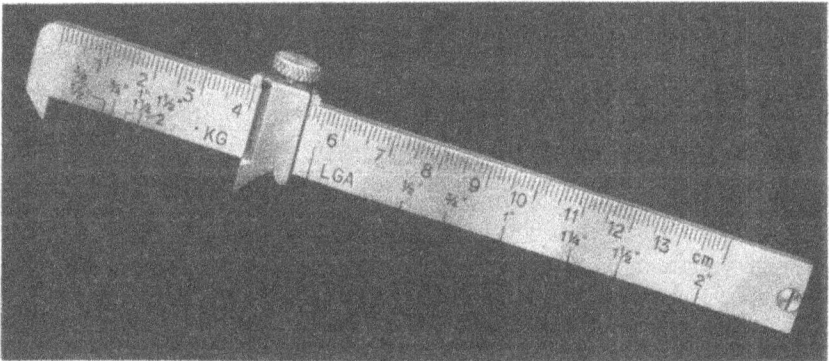

Bild 74. PH-Gewindelängenlehre für Whitworth-Rohrgewinde. Auf der im Bild sichtbaren Seite der Lehre sind neben einem Millimetermaßstab die Gewindelängen für Langgewinde bis 2'' und Kurzgewinde bis 2'', auf der Rückseite die Normalgewindelängen bis 5'' angegeben

C. Zuschneiden der Rohre

1. Werkzeuge

Neben dem Gewindeschneiden nimmt das Zuschneiden der Rohre auf Länge geraume Zeit in Anspruch.

Auch hier wurden im Laufe der Jahrzehnte zahlreiche Versuche zur Verbesserung der Werkzeuge, und damit zur Beschleunigung des Arbeitsvorganges unternommen, ohne daß dabei wesentliche Erfolge erzielt wurden. Der 'alt-bewährte Rohrabschneider mit drei Schneidrädchen (Bild 76) wird heute noch auf der Baustelle allen anderen Konstruktionen vorgezogen. Er gestattet bei etwas über ein Drittel Umdrehung das Durchschneiden der Rohre und kann dadurch — für seinen Dimensionsbereich — auf eine Ratschenausführung verzichten. Für großzöllige Rohre

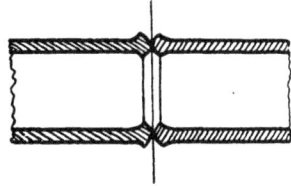

Bild 75. Bei der spanlosen Rohrtrennung treten Grate auf, die in einem besonderen Arbeitsgang entfernt werden müssen

wird dieser Rohrabschneider mit einer entsprechenden Anzahl von Schneidrädchen als Kettenrohrabschneider, für Arbeiten an schlecht zugänglichen Stellen auch als Kettenratschenrohrabschneider, geliefert.

Bild 76. Abschneiden eines Rohres mit dem Rohrabschneider

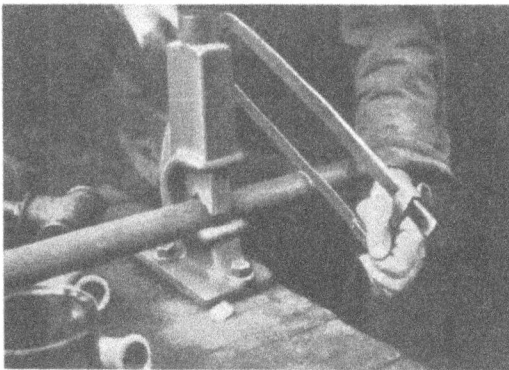

Bild 77. Das Abschneiden der Rohre auf der Baustelle erfolgt vielfach mit der Metallhandsäge

Während Rohrabschneider mit ein oder zwei Schneidrädchen und zusätzlichen Führungsrollen nur ein Abschneiden an geraden Rohrstücken gestatten, kann der Rohrabschneider mit drei Schneidrädchen auch an Bogen angesetzt werden.

Als Nachteil werden die bei der spanlosen Trennung auftretenden Grate (Bild 75) angesehen, die einen weiteren Arbeitsgang durch Innen- bzw. Innen- und Außenfräsen der Trennstellen bedingen. Um diese

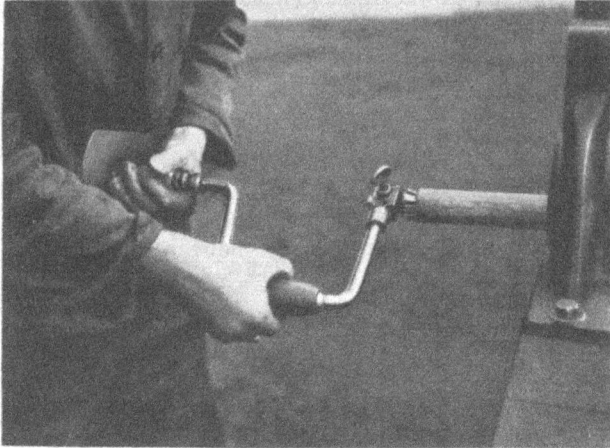

Bild 78. Ausfräsen des Grates mit Hilfe eines in die Brustwinde eingesetzten Krauskopfes

Gratbildung zu vermeiden, wurden Messer-Rohrabschneider konstruiert, die das Rohr ähnlich wie auf der Abstechbank abstechen sollten. Man übersah aber, daß die »Handhabung« dieser Rohrabschneider an andere Voraussetzungen gebunden war, als das Abstechen auf der mechanisch betriebenen Abstechbank. Die Messer brachen öfters aus. Eine Instandsetzung auf der Baustelle war nicht möglich, und so wurde wieder der alte Dreiradrohrabschneider angefordert — oder noch einfacher — man griff zur Metallsäge (Bild 77) und vermied dadurch gleichzeitig das nachträgliche Aus- und Abfräsen der Rohre (Bild 78).

2. Arten des Rohrtrennens

Bei einer rationellen Fertigung muß notwendigerweise das Zuschneiden der Rohre mechanisiert werden. Der Trennvorgang selbst kann hierbei durch spanabhebende oder spanlose Werkzeuge nach vier verschiedenen Arten erfolgen:

1. Abstechen durch rotierende Abstechstähle,
2. Absägen mit der Metallbügel- oder Kreissäge,
3. Trennen mit Korundscheiben,
4. Abschneiden durch rotierende Schneidmesser.

3. Anforderungen an die Schnittstellen

An die Schnittstellen der Rohre werden bestimmte Anforderungen gestellt, die praktisch — ohne Nacharbeit — nur von den Abstechbänken erfüllt werden. So sollen die Rohre keine Verengung des inneren Durchmessers aufweisen, um unnötige Reibungswiederstände zu vermeiden. Auch der äußere Rohrdurchmesser soll keine Gratbildung zeigen, da hierdurch das Anschneiden für die Gewindeschneidebacken erschwert wird. Sowohl zum Gewindeschneiden als auch zum Zusammenschweißen sollen — aus den genannten Gründen — die Trennstellen der Rohre eine gratlose V-förmige Ausbildung zeigen (Bild 79). Sofern dies nicht der Fall ist muß die Trennstelle nachträglich »ausgefräst« bzw. »angefast« werden.

Bild 79. Die Trennstellen der Rohre sollen eine gratlose V-förmige Ausbildung zeigen

4. Rohrtrennmaschinen

Wie wir bereits hörten kann das Zuschneiden der Rohre auf verschiedene Arten erfolgen. Einige Maschinentypen sollen deshalb im nachfolgenden näher erläutert werden:

Bild 80. »Reika«-Rohrabstechmaschine mit Stahlvorschub von Hand und automat. für Rohre von 10 bis 60 mm Dmr.

Bild 81. »Wagner«-Kaltsäge AR mit Handhebelvorschub für rechtwinkelige und schräge Schnitte

Die »REIKA-Rohrabstechmaschinen« (Bild 80) besitzen rotierende Abstechstähle, während das Rohr selbst fest eingespannt ist. Die Abstechstähle werden zwangsläufig geführt, so daß Hemmungen durch unrundes Material, harte Stellen und dadurch hervorgerufenes Einhaken der Stähle, vermieden werden. Die Stähle können durch Hand- oder automatischen Vorschub gesteuert werden. Beim Vorschub der Stähle von Hand steht für jeden Rohrdurchmesser der ganze Hub des Handhebels zur Verfügung. Das Abstechen kann daher gefühlsmäßig vorgenommen werden. Der automatische Vorschub wird entsprechend der Rohrwandstärke eingestellt, wobei der Handvorschub ausgeschaltet wird. Das Zurückziehen der Stähle erfolgt nach der selbsttätigen Ausrückung mittels einer Kurbel.

Die vollkommen neuartige, sinnreich konstruierte Schnellspannvorrichtung liegt im Innern der Maschine, und ermöglicht dadurch eine stete Beobachtung der Abstechstähle auch bei kleinsten Rohrabschnitten. Das Festspannen der Rohre erfolgt dicht an der Abstichstelle, wodurch ein Vibrieren der Rohre vermieden wird. Durch die Schnellspannvorrichtung können sämtliche Rohre des Maschinenschneidbereiches ohne Zuhilfenahme von Spannhülsen rasch und sicher durch eine kleine Hebelbewegung eingespannt werden.

Der Antrieb der Maschine kann als Einzel- oder Gruppenantrieb ausgebildet werden. Bei Einzelantrieb wird der Motor in das dafür vorgesehene Unterteil der Maschine eingebaut. Eine Kühlmittelumlaufpumpe sorgt für eine ausreichende Kühlung der Werkzeuge.

Die in Bild 81 dargestellte »Wagner-Kaltsäge« gestattet nicht nur die rasche Ausführung von rechtwinkligen, sondern auch von schrägen Schnitten bis etwa 50 mm Rohrdurchmesser. Dadurch eignet sich die Maschine hauptsächlich für den Zentralheizungsbau, der ja im Gegensatz zum sanitären Rohrleitungsbau sowohl rechtwinklige als auch schräge Schnitte benötigt. Das Rohr wird in einen verstellbaren Spannstock mit Federspannung eingelegt. Der Motor samt Triebwerk und Sägeblatt ruhen auf einem gemeinsamen Schlitten, der durch einen Handhebel vorgezogen wird, und dadurch eine gefühlsmäßige Trennung des Rohres herbeiführt.

Das Sägeblatt der Kreissäge ist fliegend eingespannt und muß zur Erreichung genügender Stabilität 3- bis 5mal stärker sein als bei der Bügelsäge. Dies bedingt einen höheren Materialverlust, Kraftaufwand und Anschaffungspreis. Aus diesem Grunde, insbesondere aber durch ihre vielseitige Einsatzfähigkeit, kann die mechanische Bügelsäge, sowohl auf der Baustelle als auch in der Werkstatt, lohnend eingesetzt werden.

Die modernen Hochleistungsbügelsägemaschinen trennen je nach ihrer Größe Rohre bzw. Voll- und Vierkantmaterial bis 125, 150, 200, 250, 300 oder 400 mm Dmr.

Die Colombo-Sägemaschine für Werkstätten (Bild 82) arbeitet mit regelbarem hydraulischen Schnittdruck und hydraulischer Abhebung des Sägeblattes im Rückhub. Der wichtigste Teil dieser Maschine — eine doppeltwirkende Öldruckpumpe — ist so eingerichtet, daß sie bei Beginn des Schnitthubes das Sägeblatt zunächst weich aufsetzt und im weiteren Verlauf des Schnitthubes den Druck ansteigen läßt. Am Ende eines jeden Schnitthubes hebt die Ölpumpe das Sägeblatt vom Arbeitsstück ab, wodurch eine gute Ausspänung erzielt und das Sägeblatt weitgehendst geschont wird. Der Schnittdruck wird stufenlos reguliert und kann an einem Manometer abgelesen werden. Die Bedienung der Ma-

Bild 82. Colombo-Hochleistungs-Sägemaschine mit direktem elektrischem Antrieb für Werkstätteneinsatz

schine ist denkbar einfach und erfolgt durch Betätigung eines Schalthebels. Zum Schneiden von Material verschiedener Festigkeit ist die Maschine mit einer Zahnradverschiebebüchse für zwei Schnittgeschwindigkeiten ausgestattet. Eine automatische Um- und Ausschaltung bringt den Sägebügel nach erfolgtem Materialdurchschnitt in die Anfangsstellung zurück und schaltet die Maschine aus, so daß jeder Leerlauf vermieden wird. Der Sägebügel ist besonders kräftig konstruiert. Seine Führung erfolgt in einer gegen Staub geschützten Prismabahn. Eine seitliche Ablenkung beim Schneidhub ist dadurch ausgeschlossen. Eine Kühlwasserumlaufpumpe sorgt für die Abführung der beim Sägen »harter« Materialien auftretenden Wärmestauungen und verhindert dadurch einen frühzeitigen Verschleiß der Sägeblätter (Gußeisen, Messing, Rotguß, Kupfer, Bronze und weiche Metallegierungen sind trocken zu sägen). Das Sägeblatt wird direkt durch Bolzen und Spannplatte mit

7*

dem Sägebügel verbunden. Der Schraubstock wird durch eine Flach-
spindel mit Handkurbel betätigt und ist drehbar zum Schneiden von
Gehrungen bis 45° eingerichtet. Die wichtigsten Gehrungswinkel sind
auf der Schraubstockbahn markiert. Ein besonders kräftig gehaltener
Schnittlängenanschlag gestattet die rasche Durchführung von Massen-
schnitten. Zum gleichzeitigen Schneiden einer größeren Anzahl von
Rohren kleinerer Dimensionen kann ein Bündelschraubstock (Bild 83)
aufgesetzt werden. Ein Auflageständer mit Auflagerolle und Höhenverstellung ist nicht nur für die hier beschriebene Sägemaschine, sondern
für alle Rohrtrennmaschinen unentbehrlich (Bild 84).

Bild 83. Bündelschraubstock zum gleichzeitigen Einspannen mehrerer Rohre bis
etwa ¾″

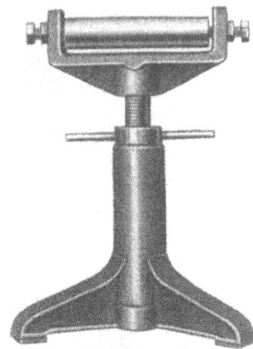

Bild 84. Material-Auflage-Rollen-
ständer mit Höhenverstellung. Ein
wertvolles Hilfsgerät für Baustelle
und Werkstatt

Die Colombo-Junior-Sägemaschine ist eine kleinere und einfachere,
dabei aber sehr leistungsstarke Bügelsäge, die sich infolge ihres geringeren
Gewichtes vor allem für die Baustelle eignet (Bild 85). Sie besitzt prisma-
tische Bügelführung, regelbaren
Schnittdruck, hydraulische Ab-
hebung des Sägeblattes im
Rückhub sowie automatische
Ausschaltung nach beendetem
Schnitt. Die Maschine schnei-
det Materialien bis 125 mm
Durchmesser.

Als spanabhebendes Werk-
zeug dient bei der »CABRO-
Metallschneidemaschine« eine
rotierende Korundscheibe. Die
Maschine schneidet in kürzester
Frist Rohre und Profile aller
Härtegrade bis 80 mm Dmr.

Bild 85. Columbo-Sägemaschine mit direktem elektrischem Antrieb für den Baustellen- und Werkstatteinsatz geeignet

Ein Funkensammler und Staubfänger dient zur Abführung des auftretenden Metallstaubes. Ein Nacharbeiten des Schneidblattes sowie eine Kühlung des Schneidvorganges ist nicht erforderlich. Die Rohre werden ohne Festspannen in eine Halterinne eingelegt und der Arbeitstisch mit Trennscheibe und Motor durch einen Hebel auf das abzuschneidende Rohr zugezogen. Durch einen Druckhebel wird das Rohr an der Schnittstelle festgehalten. Der Elektromotor ist direkt mit der Trennscheibe gekuppelt.

Bild 86. »Hochleistungs-Rohr-Schneidemaschine« mit Einzelantrieb

Eine spanlose Trennung der Rohre bewirkt die in Bild 86 dargestellte »Hochleistungs-Rohrschneidemaschine« mit einem Arbeitsbereich von 25 bis 154 mm äußerem Rohrdurchmesser bei Wandstärken bis zu 6 mm.

Die zu schneidenden Rohre werden nicht eingespannt, sondern lose auf zwei doppelreihigen Kugellagerrollen aufgelegt. Bei langen Rohren dient ein Unterstützungsbock als Zweitlagerung. Mittels eines Exzenterhebels wird das rotierende Schneidmesser aus Hochleistungsstahl auf das Rohr herunter gedrückt, worauf dieses mitgenommen und ebenfalls in Umdrehung versetzt wird. Je nach Ausbildung der Schneide dringt diese V- oder v-förmig in die Rohrwand ein und hinterläßt einen geraden oder leicht angeschrägten Schnitt. Nach dem Schnitt geht die Messerschwinge selbsttätig zurück.

Als Schnittleistung wird z. B. für Rohre von 45 × 50 mm Dmr. einschließlich Vorschieben des Rohres angegeben: 10 Rohrabschnitte je Minute.

Die Maschine ist solid und leicht transportabel gebaut, außerdem ist ihr Platzbedarf gering. Das Maschinengehäuse ist in kräftiger Gußeisenkonstruktion ausgeführt. Der angebaute Motor treibt über ein Keilriemenvorgelege die Antriebswelle. Diese überträgt über eine in Öl laufende Duplex-Kette und gehärtete Kettenräder die Kraft auf die besonders stark bemessene Arbeitswelle, auf deren einem Ende die Messerscheibe aufgesetzt ist, während auf der anderen Seite ein Krauskopf mit Linksgewinde zum etwaigen Entgraten der Rohre aufgesetzt werden kann.

Das Nachschleifen des Messers kann auf der Drehbank mit einer Support-Schleifmaschine erfolgen.

5. Ist die Kupplung der Rohrtrennvorrichtung mit anderen Maschinen vorteilhaft?

Wir haben unsere seitherigen Betrachtungen über Gewindeschneid- und Rohrtrennmaschinen bewußt auf Einzweckmaschinen abgestellt. Bei der unterteilten Fertigung lohnt sich der Einsatz von Maschinen nur dann, wenn die Maschinen-Stillstandzeiten so kurz wie möglich sind. In der Werkstatt sollte es überhaupt keine längeren Maschinen-Stillstandzeiten geben. Es kann dort auch angenommen werden, daß die Gewindeschneid- und Rohrtrennmaschinen bei richtiger Organisation und Arbeitsvorbereitung dauernd besetzt sind, so daß die Kupplung dieser beiden Maschinen eine unliebsame Verzögerung in der Fertigung bedeuten würde. Aus diesem Grunde sind für den Werkstatteinsatz Einzweckmaschinen vorzuziehen. Wie sieht es aber auf der Baustelle aus?

Wenn die Baustellenarbeit werkstattmäßig vorbereitet wird, so lassen sich Stillstandzeiten der dort eingesetzten Maschinen nicht vermeiden. Diese Stillstandzeiten könnten nun durch Kupplung von Gewindeschneid- und Rohrtrennmaschine auf ein Mindestmaß eingeschränkt werden. Gleichzeitig vermindert sich durch eine derartige Kupplung das gesamte zu transportierende Maschinengewicht (dagegen wird die Gewindeschneidmaschine etwas schwerer).

Kupplungen dieser Art wurden in der Praxis bereits mit Erfolg durchgeführt, und zwar dergestalt, daß bei den Gewindeschneidmaschinen auf der Rückseite der Hohlspindel ein Abstechkopf angeordnet wurde.

Beim Einsatz dieser kombinierten Maschinen muß man allerdings beachten, daß damit nur Rohre bearbeitet werden können. Es gibt aber gerade auf der Baustelle immer wieder Profileisen, Rohrträger usw. nachzuarbeiten, bei Heizungsanlagen sind Schrägschnitte auszuführen usw., so daß man unter Umständen mit einer Gewindeschneidmaschine und einer einfachen mechanischen Metallsäge auf der Baustelle besser zurecht kommt als mit Mehrzweckmaschinen (s. Bild 2).

6. Entgraten der Rohre

Ein Entgraten oder Anfasen der Rohre wird sich — wie bereits betont — nach dem Abschneiden nur in wenigen Fällen umgehen lassen. Es gilt deshalb zweckmäßige Anordnungen für die Ausführung dieses Arbeitsganges zu treffen. Dies kann durch Kupplung der Fräser mit der Rohrtrennmaschine (s. Bild 86) erfolgen. Hierbei muß jedoch das Rohr mit der Hand gehalten werden, was immerhin einigen Kraftaufwand verursacht. Einfacher ist es — ähnlich wie früher mit der Brustwinde (s. Bild 78) — diesen Arbeitsvorgang mit einer kleinen elektrischen Handbohrmaschine und eingesetztem Spezialfräser auszuführen, und dabei die Rohrstücke einzuspannen (s. Bild 97 ff.).

D. Biegen der Rohre

1. Allgemeines

Für verschiedene Zwecke des Rohrleitungsbaues werden die Rohre am Stück gebogen, um möglichst wenig Verbindungsstellen und dadurch geringe Reibungsverluste, zu bekommen.

Dieses Biegen der Rohre wird bei schwarzen Rohren — um die es sich hier in der Hauptsache handelt — fast durchweg noch im Warmverfahren vorgenommen. Hierzu müssen die größeren Rohre mit trockenem Flußsand gefüllt und fest geklopft werden, um dann im Schmiedefeuer ein oder mehrere Male erwärmt und im Schraubstock unter Mithilfe mehrerer Arbeitskräfte gebogen zu werden. Durch Einsatz von Rohrbiegemaschinen lassen sich hier ebenfalls ganz beträchtliche Arbeitszeiteinsparungen erzielen.

2. Maschinelles Biegen der Rohre

Die Herstellungsmöglichkeit von Rohrbögen nach dem maschinellen Kaltbiegeverfahren ist in erster Linie von der Festigkeit und Dehnung des zu biegenden Rohrmaterials und der Wandstärke im Verhältnis zum Durchmesser des Rohres, abhängig. Dies gilt besonders für kleine Rohrbogen bis zu einem Radius von etwa $1{,}5 \cdot$ Rohraußendurchmesser (d). Bei Radien von $3\,d$ und mehr spielt die Materialfrage eine untergeordnete Rolle. Dagegen wird die Größe der Biegeradien nach oben durch die Baumasse der Maschine begrenzt.

Verzinkte und einfach bituminierte Stahlrohre dürfen nach DIN 1988 nur in kaltem Zustand und nur in schlanken Bögen mit einem Biegungshalbmesser von mindestens $10\,d$ gebogen werden. Diese Radien liegen außerhalb der Baumaße der normalen Rohrbiegemaschinen. Auf ein Biegen dieser Rohrarten sollte deshalb verzichtet werden, zumal sich beim Biegen selbst eine Verletzung der Schutzüberzüge nie ganz vermeiden läßt.

3. Der Biegevorgang

Der Biegevorgang erfolgt bei den neueren Rohrbiegemaschinen nach dem füllungslosen Biegeverfahren. Hierbei wird das ungebogene Rohr mittels einer Spannbacke mit der profilierten Biegescheibe verspannt, und diese in Drehbewegung versetzt. Der zu biegende Rohrschenkel stützt sich hierbei gegen eine ebenfalls profilierte, geradlinig mitlaufende Gleitschiene ab. An der Biegestelle wird also das Rohr von der Profilierung der Biegescheibe und Gleitschiene umschlossen. Um ein Verformen des Rohrquerschnitts an der Biegestelle zu verhindern wird dieser durch einen feststehenden im Rohr liegenden Dorn ausgefüllt.

Die Herstellung eines Rohrbogens erfordert somit folgende Arbeitsgänge:

    a) Einführen des geraden Rohres unter gleichzeitigem Aufschieben auf den Biegedorn,

    b) Festspannen des Rohres an der Biegescheibe,

    c) Spannen des Rohres zwischen profilierter Gleitschiene und Biegescheibe,

    d) Biegevorgang (Drehen der Biegescheibe),

    c) Entspannen des Rohres an der Biegescheibe,

    f) Entspannen des Rohres zwischen Gleitschiene und Biegescheibe,

    g) Herausnehmen des gebogenen Rohres aus der Maschine,

    h) Rückführung der Biegescheibe in Anfangsstellung.

Von diesen Arbeitsvorgängen erfordert die Betätigung der Spannvorrichtungen ein Vielfaches der für den eigentlichen Biegevorgang notwendigen Zeit. Da die Spannvorgänge bei jeder einzelnen Biegung ausgeführt werden müssen, ist die Vereinfachung dieser Arbeitsgänge von besonderer Bedeutung.

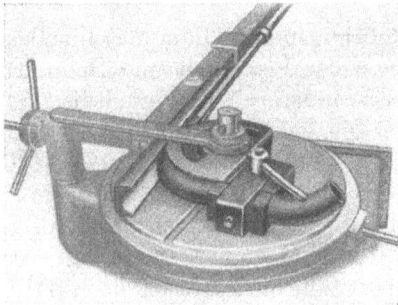

Bild 87. Darstellung der einf. handbetätigten Spannvorrichtung und des Biegevorganges

4. Spannvorrichtungen

Bei Rohrbiegemaschinen mit normalen handbetätigten Spannvorrichtungen (Bild 87) wird die Spannbacke unmittelbar an der Biegescheibe angeordnet und mittels eines drehbaren Exzenterbolzens und einer Schlaufe festgezogen. Das Rohr klemmt sich hierbei zwischen den Spannflächen der Biegescheibe und Spannbacke fest. Die Gleitschiene wird mit Hilfe einer Gewindespindel bzw. eines Exzenterhebels gegen das Rohr angedrückt. Nach beendigter Biegung werden Gleitschiene und Spannbacke wieder gelöst. Hierbei muß die Spannbacke, um das Rohr aus der Biegevorrichtung herausnehmen zu können, von der Biegescheibe abgenommen werden, was durch Herausziehen des Exzenterbolzens geschieht.

Bei Rohrbiegemaschinen mit Schnellspannvorrichtungen ist es durch die Anordnung der Spannbacke an einem Tragarm und die um

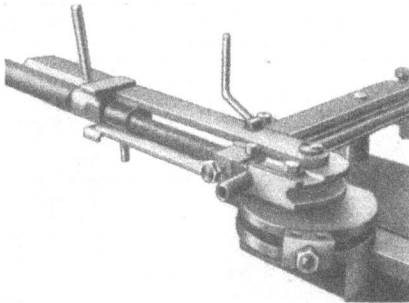

Bild 88: vor Beginn der Biegung

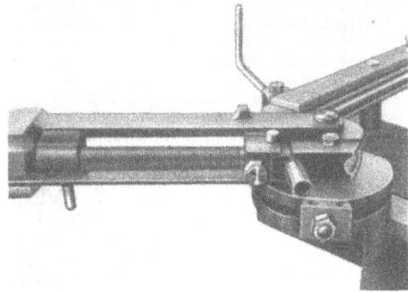

Bild 89: während des Biegens

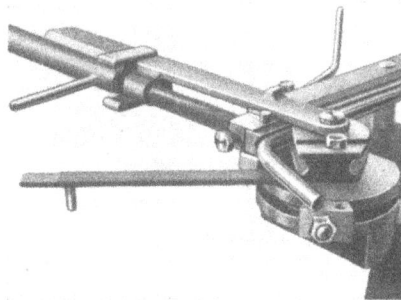

Bild 90: geöffnet zum Herausnehmen d. Rohres nach vollendeter Biegung

Bild 88 bis 90. Schnellspannvorrichtung mit eingespanntem Rohr

die Biegewelle lose schwenkbare Biegescheibe möglich, das Rohr in die Maschine einzuführen bzw. wieder herauszunehmen, ohne daß die Spannbacke abgenommen werden muß (Bild 88 bis 90). Das Andrücken der Spannbacke und damit das Festspannen des Rohres an der Biegescheibe erfordert nur einen Hebeldruck, wobei auch gleichzeitig Biegescheibe und Spannbacke miteinander verriegelt werden, so daß sie sich nicht gegeneinander verdrehen können. Auch das Andrücken bzw. Lösen der Gleitschiene erfordert bei diesen für den Werkstatteinsatz bestimmten Hochleistungsmaschinen nur einen leichten Hebeldruck.

5. Biegewerkzeug und Zubehör

Das Biegewerkzeug und Zubehör zu jeder Maschine besteht aus:
Biegescheibe mit Spannbacke,
Biegedorn und
Gleitschiene.

Für jeden Biegeradius und Rohraußendurchmesser ist eine entsprechende Biegescheibe erforderlich. Hierbei ist zu unterscheiden zwischen normalen Biegescheiben mit geradlinig durchgefräster Spannfläche (s. Bild 90) und Biegescheiben für zwei aneinanderstoßende Bögen (Bild 91).

Bild 91. Biegescheibe für zwei aneinanderstoßende Bögen

Beide Arten von Biegescheiben sind normalerweise für Rechts- und Linksbiegungen verwendbar.

Jeder Rohrinnendurchmesser erfordert einen Biegedorn, der für normalwandige Rohre und mittlere Radien so ausgebildet ist, daß der gehärtete Dornkopf vorn kugelförmig abgerundet und im Durchmesser so gehalten ist, daß sich das Rohr leicht aufschieben läßt.

Für Rohrbögen mit besonders kleinen Radien und geringer Wandstärke sind Spezialdorne mit beweglichem Kopf oder löffelähnlicher Verlängerung notwendig.

Für die Wahl des zweckmäßigsten Biegedornes ist also die Rohrabmessung, der Biegeradius und die Materialqualität ausschlaggebend.

Für jeden Rohraußendurchmesser ist außerdem eine Gleitschiene erforderlich, gegen die sich das auf dem Dorn befindliche gerade Rohrende während des Biegevorganges abstützt (Bild 87).

Um die Zahl der Biegewerkzeuge in erträglichen Grenzen zu halten, ist es also erforderlich, sich von vornherein über die hauptsächlich vorkommenden Rohrabmessungen und Bogenarten Klarheit zu verschaffen.

6. Linksbiegungen

Bei Arbeitsstücken mit mehreren, nicht in einer Ebene liegenden Biegungen tritt häufig der Fall ein, daß die Dreh- und Biegerichtung der Maschine umgekehrt werden muß, da sonst der nach unten zeigende Rohrschenkel gegen den Maschinenkörper stoßen und die Drehbewegung der Biegescheibe behindern würde. Die Umkehrung der Biegerichtung macht ein Umsetzen der Spannvorrichtungen und des Dorn- und Gleitschienenträgers, ein Verstellen der Anschläge und eine Umkehrung der Motordrehrichtung erforderlich. Bei den meisten modernen Maschinen können diese Umkehrungen ohne zusätzliche Sondereinrichtungen in kürzester Frist vorgenommen werden.

Bild 92. Rohrbiegemaschinen mit elektrischem Antrieb zum füllungslosen Biegen von Stahlröhren bis 60 mm Dmr.

7. Rohrbiegemaschinen

Einige nach den vorerwähnten Gesichtspunkten konstruierte Rohrbiegemaschinen zeigen die Bilder 92 bis 94.

Die »BANNING«-Schnell-Rohrbiegemaschine nach Bild 92 besitzt selbsttätige Gleitschienenrückführung, schnellbetätigte Dornlösvorrichtung sowie Momentausrückung. Ihr Arbeitsbereich umfaßt Stahlrohre bis 60 mm Rohrdurchmesser. Das Triebwerk ist in dem geschlossenen Maschinenkörper untergebracht. Es besteht in der Hauptsache aus einem durch Flanschmotor angetriebenen kombinierten Stirn- und Schneckenradgetriebe, das mittels Reibungskupplung ein- und ausgerückt wird. Alle schnellaufenden Triebwerksteile sind kugelgelagert und laufen im Ölbad. Die Begrenzung des Biegegrades erfolgt durch leicht verstellbare Anschläge, die eine genau arbeitende Ausschaltvorrichtung betätigen.

Die Rückführung des umlaufenden Tisches nach beendigter Biegung wird von Hand vorgenommen. Die Maschine leistet bis zu 60 Einzelbiegungen in der Stunde.

Die in Bild 93 dargestellte Maschine gleicher Bauart für Stahlrohre bis 108 mm äußerem Durchmesser besitzt ein leicht schaltbares Wende-

Bild 93. Rohrbiegemaschinen mit elektrischem Antrieb zum füllungslosen Biegen von Rohren bis 108 mm Dmr.

getriebe mit Reibungskupplungen, zwei Arbeitsgeschwindigkeiten und beschleunigtem Rücklauf. Der Tisch braucht also nach erfolgter Biegung nicht mehr von Hand zurückgedreht werden. Die stündliche Leistung dieser Maschine beträgt 15 bis 25 Einzelbiegungen.

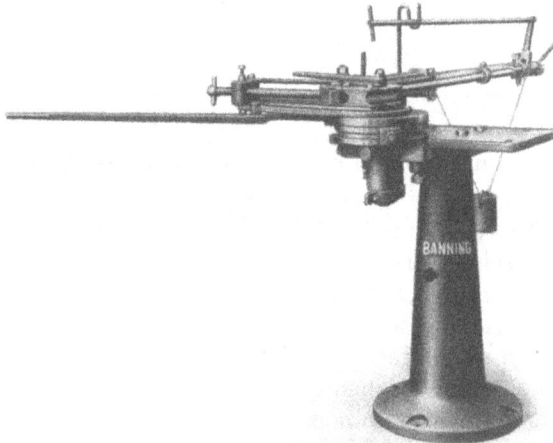

Bild 94. Rohrbiegemaschine mit selbsttätiger Spannvorrichtung für Handbetrieb zum füllungslosen Biegen von Rohren bis 35 mm Dmr.

8. Biegen großer Radien

Mit den beschriebenen Rohrbiegemaschinen können Rohrbogen im Bereich von 1,5 bis 10 d, je nach Rohrdurchmesser ausgeführt werden. Es können nun im Rohrleitungsbau Umstände auftreten, die derart große Radien erforderlich machen, daß hierfür das normale Biegeverfah-

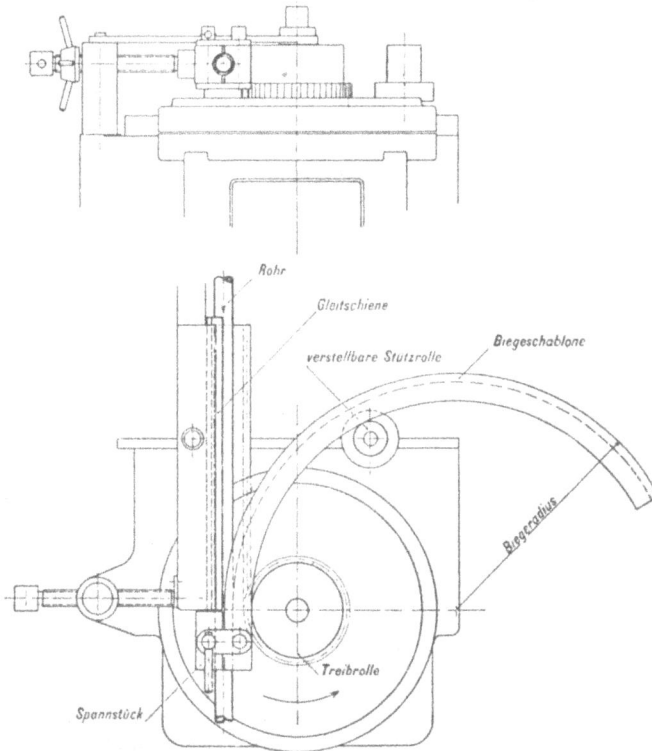

Bild 95. Biegen auf große Radien nach durchlaufender Schablone

ren über eine umlaufende Biegescheibe nicht mehr angewendet werden kann. Für diesen Fall wurde das Biegeverfahren mittels durchlaufender Schablone und das Biegeverfahren nach dem Vierrollensystem entwickelt. Beide Verfahren sind in Bild 95 bis 96 schematisch dargestellt. Sie ermöglichen die Herstellung von Bögen mit nach oben unbegrenzten Radien. Wird Wert auf große Genauigkeit der Bogen gelegt, so ist das Biegen nach durchlaufender Schablone dem Vierrollenverfahren vorzuziehen. Dafür ist aber das letztere billiger, da für die verschiedenen Rohrdurchmesser nur je ein Satz von vier Rollen erforderlich ist.

Schnitt durch Treib- und Druckrolle

fester Drehbolzen
Ausleger

Rohr

Stützrolle

Druckrolle

Treibrolle

Anstellung für
Ausleger

Biegerolle

Anstellung für
Biegerolle

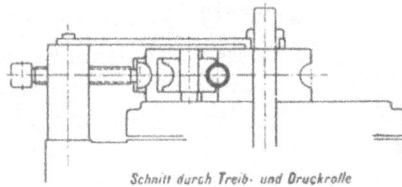

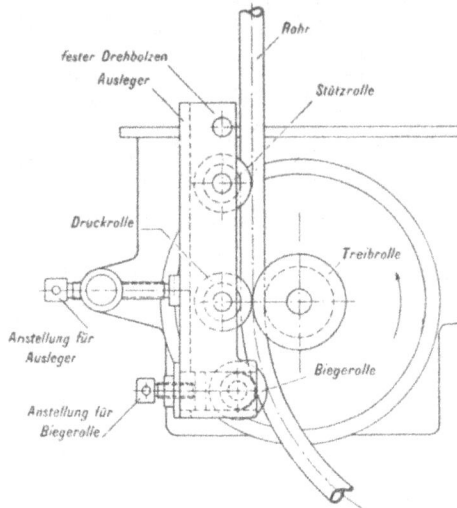

Bild 96. Biegen auf große Radien nach dem Vierrollen-Verfahren

E. Mechanisch betriebene Werkzeuge

Leistungssteigerung bedeutet — auch scheinbar untergeordnete Arbeiten so zu gestalten, daß in der Zeiteinheit mehr an Leistung vollbracht werden kann, als dies vordem mit »traditionellen« Arbeitshilfsmitteln möglich war.

1. Für die Werkstatt

Für den Einsatz in Werkstätten haben sich Spezialwerkzeugmaschinen mit biegsamer Welle und auswechselbaren Werkzeugen als besonders brauchbar erwiesen.

Die BIAX-Werkzeugmaschinen (Bild 97 und 98) wurden als erste Maschinen dieser Art vor etwa 15 Jahren in Europa eingeführt.

Die MULTI-BIAX-Maschinen arbeiten mit rotierenden Werkzeugen, während die BIAX-PULSOR-Maschine alle Werkzeuge für geradlinig hin- und hergehende Bewegung vereint. Kombinierte Maschinen für rotierende und geradlinig arbeitende Werkzeuge werden unter dem

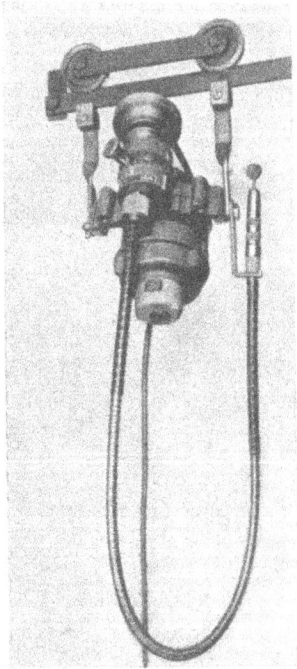

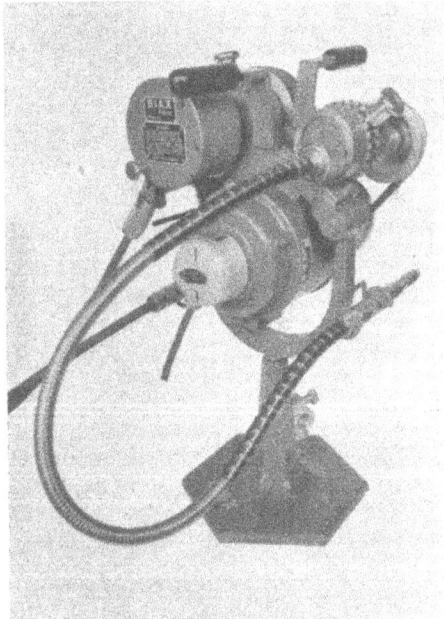

Bild 97 bis 98. BIAX-Handkraftwerkzeuge mit biegsamer Welle

Namen MULTI-BIAX-PULSOR geliefert, wobei beide Antriebe unabhängig voneinander mit einer beliebigen Geschwindigkeitsstufe laufen können.

Die Vorteile der Maschinen, bei denen Handstück und Antrieb voneinander getrennt und nur durch ein bewegliches Zwischenstück miteinander verbunden sind, liegen vor allem in der vielseitigen Anwendungsmöglichkeit für alle Arten von Werkzeugen, die jeweils mit der richtigen Drehzahl betrieben werden können. Zum Anschluß an das Stromnetz braucht kein Umformer oder Transformator zwischengeschaltet zu werden. Mit den Werkzeugen kann ohne Kraftanstrengung in jeder Lage gefühlsmäßig gearbeitet werden.

Die wichtigsten — auch für den Rohrleitungsbau in Frage kommenden Einsatzwerkzeuge sind in Bild 99 wiedergegeben.

Für Bohrarbeiten an Eisenkonstruktionen, Blechteilen usw. gibt es einfache Handbohrmaschinen (Bild 100) in verschiedenen Größen. Die Maschinen sind meist mit Universalmotor für Gleich- und Wechselstrom ausgestattet. Sie vereinen geringes Gewicht mit hoher Leistung.

Bei Ausführung von Blecharbeiten leisten elektrische Handblechscheren (Bild 101) oder stationäre Kurvenscheren ein Vielfaches gegenüber den seitherigen Handscheren. Sie werden bis zu Schnittstärken von

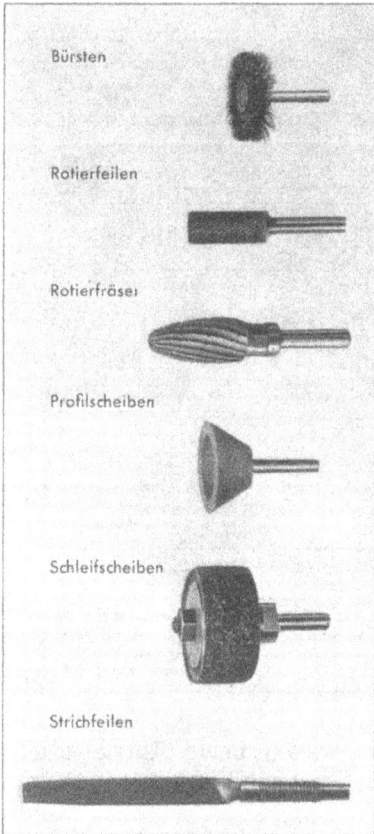

Bürsten

Rotierfeilen

Rotierfräser

Profilscheiben

Schleifscheiben

Strichfeilen

Bild 99. Einsatzwerkzeuge für Biax-
Maschinen

Bild 100.
FEIN-Elektro-Bohrer

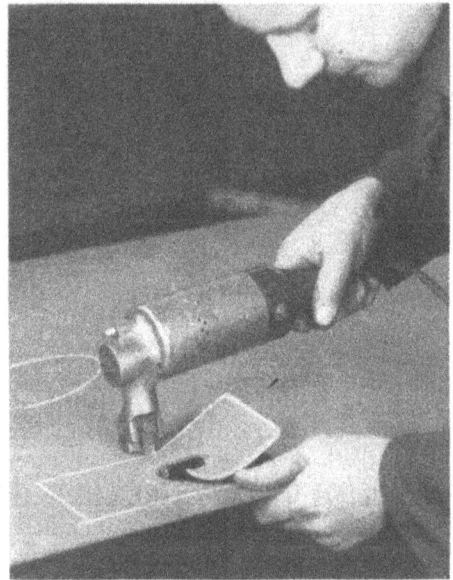

Bild 101. Flex-Blechschere

4,5 mm gebaut und können infolge ihrer kräftigen Konstruktion auch im Dauerbetrieb hart beansprucht werden. Die Maschinen sind ebenfalls mit Universalmotor für Gleich- und Wechselstrom ausgestattet.

2. Auf der Baustelle

Über die Einsatzmöglichkeit von mechanisch betriebenen Werkzeugen geben die Bilder 102 bis 111 besser Auskunft, als dies durch viele Worte geschehen kann. Trotzdem lassen sich auch hier noch manche neue Anwendungsgebiete erschließen. So könnte z. B. bei Rohrbiegearbeiten das Festklopfen der Sandfüllung mit dem Boschhammer geschehen usw. Überhaupt — Boschhammer — »nur« 85 verschiedene Einsatzwerkzeuge existieren bis jetzt für dieses nützliche Werkzeug; das bohrt und meißelt (Bild 104 bis 106).

1000 bis 2000 kurze, scharfe Bohrschläge gibt der BH in der Minute, bei denen sich der Bohrer selbsttätig dreht. Durch Anordnung eines zweiten Vierkantes am Meißeleinsatz — der die Drehung verhindert — wird aus dem Bohrschlag ein Meißelschlag.

Der Boschhammer ist ebenfalls mit einem Universalmotor für Gleich- und Wechselstrom ausgestattet. Die Schaltung des Werkzeuges erfolgt von dem hierzu besonders ausgebildeten Tragkasten aus.

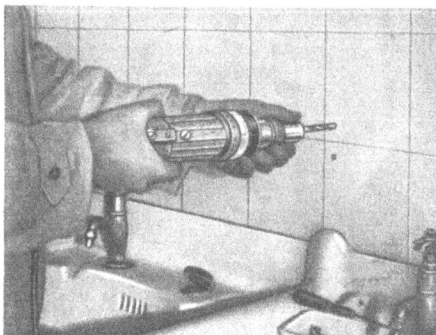

Bild 102. Elektro-Faustbohrer mit Widia-Bohrer für Bohrungen in Keramikplatten

Wenn der Boschhammer eingeschaltet ist, läuft er zunächst leer und beginnt erst zu schlagen, wenn er gegen die Mauer oder das Arbeitsstück gedrückt wird. Den Rückschlag nimmt der Boschhammer in sich auf, er wird vom Arbeiter kaum wahrgenommen.

Die Konstruktion ist äußerst einfach und robust. Der Boschhammer enthält keine Federn, Zahnräder und ähnliche empfindliche Teile. Seine Arbeitsweise beruht auf Verwendung eines Drallgetriebes.

Bild 103. Elektro-Handbohrer mit Trommelbohrer für Bohrungen in Mauerwerk

3. Der rettende Ausweg

An manchen Baustellen, besonders in abgelegenen Gegenden, müssen Rohrleitungsarbeiten ausgeführt werden bevor ein elektrischer Anschluß gelegt ist. In diesen Fällen bildet der Einsatz eines Benzinelektrischen Stromerzeugers (Bild 112) den rettenden Ausweg, um die auszuführenden Arbeiten unter Verwendung von Elektrowerkzeugen wirtschaftlich gestalten zu können. Derartige Stromerzeuger werden sowohl ortsfest als auch tragbar hergestellt. Sie sind überaus leistungsfähig, unempfindlich sowie leicht zu bedienen. Nebenbei können diese Stromerzeuger auch noch zur Beleuchtung der Baustelle dienen.

Die Eisemann-Stromerzeuger bestehen normalerweise aus einer kräftigen Grundplatte, die den Motor und die Lichtmaschine trägt; dazu kommt noch der Brennstofftank. Bei der tragbaren Ausführung ist eine Anschlußtafel mit Steckdosen und Sicherungen sowie ein Rohr-

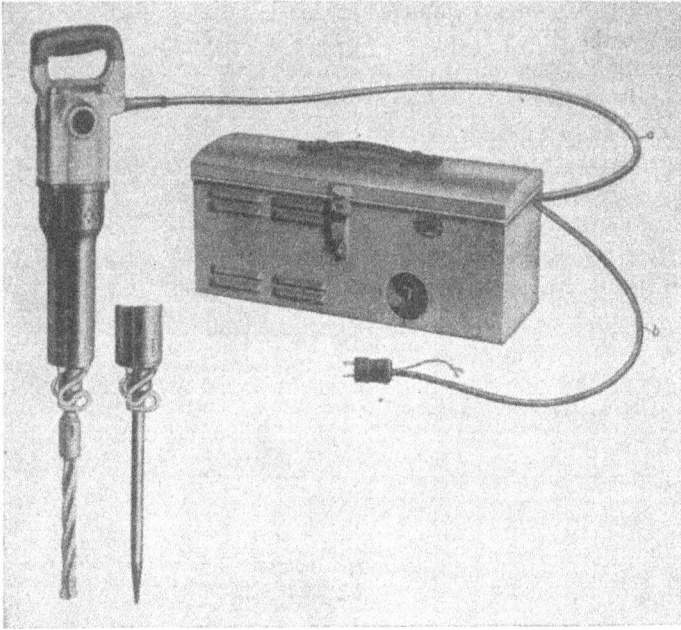

Bild 104 bis 106. Bosch-Bohr- und Meißelhammer EW/UH 1 mit Allstrommotor

Zahlentafel 7.

Technische Angaben zum Bosch-Hammer

Stromart		Gleich- und Wechselstrom	
Spannung	Volt	42, 110, 125, 155, 220 u. 250	
Leistungsaufnahme	etwa Watt	600	
a = Gummikabel 4 × 1,5 mm², Länge vom Hammer zum Tragkasten	m	5	
b = Gummikabel 3 × 1,5 mm², Länge vom Tragkasten zum Netz	m	5	
Gewicht des Hammers	kg	8,5	
Gewicht des Tragkastens	kg	11,3	
Minutliche Schlagzahl je nach dem zu bearbeitenden Werkstoff		1000—5000	
Einzelschlagstärke bis zu	mkg	1	
Mehrleistungen gegenüber Handarbeit:		in Beton	in Ziegelstein
Beim Bohren		8—15fach	8—20fach
Beim Spitzen und Stemmen		3— 6fach	3—10fach
Beim Nutenmeißeln		3— 6fach	5—10fach

Bild 108. Durchbruch meißeln

Bild 107. 3 Bohrlöcher, in harten Eisenbeton gebohrt mit dem Boschhammer. Auch hier kleine Abstände von der Steinkante und besonders saubere Ränder. Über den Bohrlöchern ein Leitungsschlitz, der mit dem Boschhammer geschlagen wurde

Bild 110. Schlitzziehen unter Putz

Bild 109. Ankerlöcher bohren

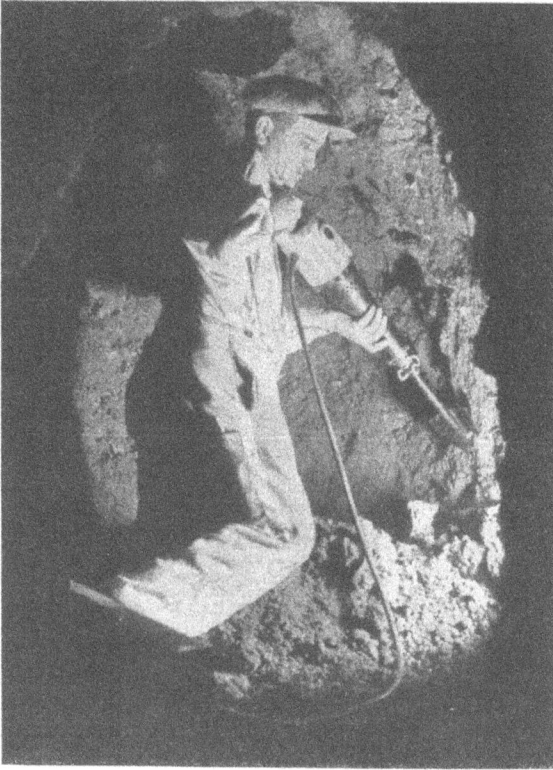

Bild 111. Ausschachten eines Heizkanals

träger angebaut. Als Antriebsmaschine wird in fast allen Fällen ein luftgekühlter Einzylinder-Zweitakt-Benzinmotor verwendet, dessen Drehzahl durch einen Fliehkraftregler konstant gehalten wird. Der Motor besitzt Luftkühlung und ist durch eine Gummigewebekupplung mit der Lichtmaschine verbunden. Als Lichtmaschinen für Schwachstromanlagen werden Bosch-Lichtmaschinen verwendet. Diese geben bei Spannungen von 12, 24 oder 32 V Leistungen von 130 bis 1000 W ab. Bei den Starkstromausführungen wird fast durchweg ein Gleichstrom-Verbund-Dynamo verwendet, bei dem die Verbundwicklung für eine gleichbleibende Spannung sorgt. Die Anschlußtafeln sind in diesem Falle mit zwei doppelpolig gesicherten Steckdosen ausgestattet, die durch einen Deckel verschlossen werden. Kurz unter der Sicherungsdose ist ein Sperrschalter eingebaut. Beim Abheben des Deckels schließt dieser Schalter den Zündstrom kurz, wodurch das Aggregat zum Stillstand kommt. Eine Inbetriebsetzung des Motors ist also nur bei verschlossener Sicherungsdose möglich.

Bild 112. Tragbarer Stromerzeuger

Bild 113. Kabeltrommel

4. Bauplatzbeleuchtung

Für stationäre Beleuchtungseinrichtungen mit 12 V Spannung verwendet man vorwiegend Speziallampen mit Swan-Mignon-Fassung, während für alle Spannungen ab 24 V die bei Starkstromanlagen üblichen Fassungen Verwendung finden. Zur Platzbeleuchtung bei transportablen Stromerzeugern können Eisemannscheinwerfer, die in den verschiedensten Größen und für Spannungen aller Art geliefert werden, Verwendung finden.

F. Lehren und Vorrichtungen

Die werkstattmäßige Fertigung von Rohrleitungsteilen, eine arbeits-
zeitsparende Vorbereitung des Einbaues dieser Teile sowie der Einrichtungsgegenstände an der Baustelle setzt eine lehrenhaltige Arbeit voraus, zu deren Erreichung wir uns verschiedener Hilfsmittel — Lehren
und Vorrichtungen — bedienen.

1. Vom Messen

Genaues Maßnehmen ist das A und O jeder Arbeit. Bei den Rohrlegern herrscht heute der Zweimetermaßstab vor. Für die Baustelle
mag er auch zukünftig beibehalten werden. Längere Rohrstrecken werden jedoch genauer mit einem Stahlbandmaß, in der Werkstatt mit einem
Werkstattnormalmaßstab gemessen.

Das Messen selbst erfolgt zweckmäßigerweise nicht mehr in Metern
und Zentimetern (z. B. 4,25 m), sondern in vollen Millimetern (z. B.
4250 mm). Dadurch wird in der Fertigung jeder Irrtum durch versetzte
Kommas usw. von vornherein ausgeschlossen, denn wir müssen berücksichtigen, daß jetzt nicht mehr der Maßnehmende auch zugleich der Aus-
führende ist, sondern daß diese Arbeiten von verschiedenen Leuten vorgenommen werden.

In den Materiallagern müssen öfters äußere Rohrdurchmesser und
Rohrwandstärken nachgemessen werden. Dies erfolgt rasch und zu-
verlässig mit Hilfe eines Greifzirkels mit Maßeinteilung und einem Uhr-
rohrwandungsmesser, der im Prinzip der Uhrschiebelehren aufgebaut ist.

Für Extramessungen verschiedenster Art sind in der Werkstatt
Schiebelehren erforderlich. Am geeignetsten sind Schiebelehren mit
Kreuzschnäbeln für direkte Innenmessungen. Zugeschärfte Schnabelenden gestatten gleichzeitig die Durchführung von Gewindekernmessun-
gen (Bild 114).

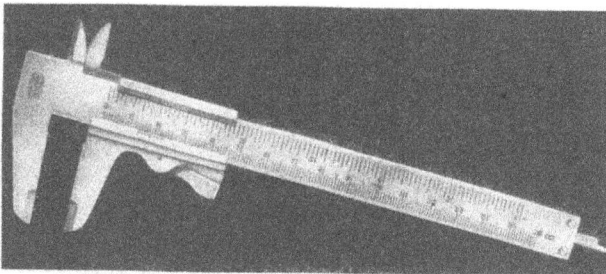

Bild 114. Feinmeß-Taschen-Schieblehre mit Kreuzschnäbeln für direkte Innenmessungen.
Schnabelenden zugeschärft für Gewindekernmessungen

Zum Nachprüfen der Gewindelängen haben wir bereits die PH-Gewindelängenlehre (Bild 74) kennengelernt.

Bild 115. Gewinde-Lehrmutter für Gas-Whitworth-Rohrgewinde, DIN 259

Die richtige Gewindeweite wird bei Außengewinde mit einer Gewindelehrmutter (Bild 115), bei Innengewinde mit einem Gewindelehrdorn kontrolliert.

2. Winkel und Gefälle

Winkel und Gefälle spielen im Rohrleitungsbau eine große Rolle. »Der Flansch muß winkelrecht sitzen!« — »Die Leitung muß winkelrecht sein!« — sagt der Rohrleger und bedient sich zur Erreichung dieses Zieles eines 90°-Winkels bzw. eines Flanschenwinkels. Wenn nun z. B.

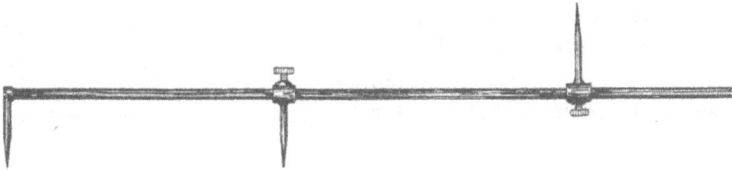

Bild 116. Aus Stahlrohr gefertigte Längenlehre zum Nachprüfen der Maßgenauigkeit von Rohrleitungselementen

der Heizungsbauer keinen »winkelrechten Bogen« benötigt, sondern die Leitung »im Winkel« oder »außer Winkel« vorzurichten hatte, so fertigte er sich an Ort und Stelle eine Drahtschablone, von der er dann den Bogen mittels eines Stellwinkels abnahm. Bei der werkstattmäßigen Fertigung kann diese Methode nicht gut Verwendung finden, hier muß man schon angeben »Bogen 60° — 45° usw.«. Zur Einhaltung dieser Vorschriften bedient man sich in der Werkstatt eines verstellbaren Winkelmessers.

Nach dem Runderlaß des Reichsministers des Innern vom 18. 10. 1937 — VI A 7370/6818 — ist als einheitliches Winkelmaß im amtlichen Vermessungswesen des Reiches vom 1. 4. 1945 ab die neue 400°-Teilung ausschließlich anzuwenden.

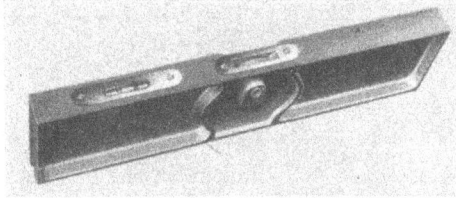

Bild 117. Inclinex-Neigungsmesser

Heizungs-, Gas-, Be- und Entwässerungsleitungen müssen mit Gefälle verlegt werden. Das Gefälle der Rohrstrecke AB wird ausgedrückt durch das Verhältnis der Höhe h zur Grundlinie l, also

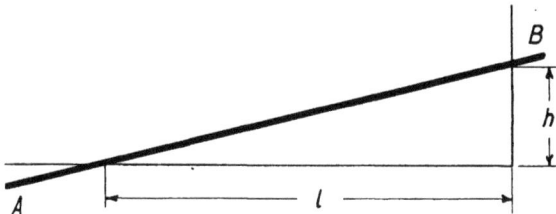

$$J = \frac{h}{l} \text{ (Bild 118)}$$

Wenn es also z. B. in einem Rohrplan heißt, Gefälle 0,5 : 100, so bedeutet das: Auf 1 m Rohrlänge muß das Gefälle 0,5 cm betragen.

Zur Kontrolle dieses Gefälles bei Verlegung der Leitung bedient man sich der Wasserwaage. Für längere Leitungsstrecken gibt es eine sog. Schnurwasserwaage mit 10 m Meßlänge. Diese Instrumente benötigen keine Meßlatten und sind deshalb einfach und bequem zu handhaben. Ein neues Pendelinstrument, das speziell für Neigungsmessungen konstruiert wurde, stellt der Neigungsmesser »Inclinex« dar, der gleichzeitig als Wasserwaage Verwendung finden kann (Bild 117). Dieses Instrument besitzt ein äußerst empfindliches Pendel sowie durch die Anordnung der Skalen eine zweifache Ablesemöglichkeit.

3. Prüfung von Rohrleitungsteilen auf Maßgenauigkeit

Die Möglichkeit von Maßabweichungen an der Baustelle, die in ihrer Größenordnung im voraus nicht bestimmt werden können, muß auf die Einflußgrößen beschränkt bleiben, die außerhalb des Rohrleitungsbaues liegen. Das bedingt — vor allem in der ersten Zeit bis sich die Gefolgschaftsangehörigen an ein genaues Arbeiten gewöhnt haben —

die Prüfung aller werkstattmäßig hergestellten Rohrleitungsteile auf ihre Maßgenauigkeit. Um etwa notwendig werdende Nacharbeiten zu erleichtern, darf diese Kontrolle nicht erst beim fertigen Einbauelement vorgenommen werden, sondern muß bereits bei den einzelnen Rohrteilen einsetzen.

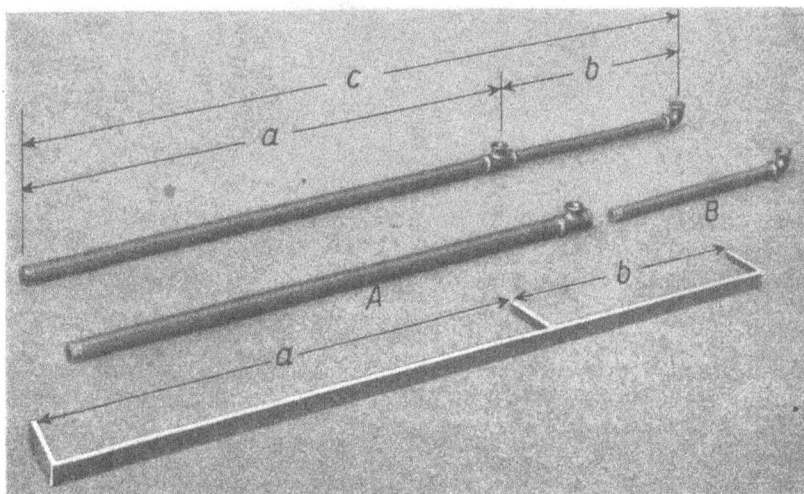

Bild 119. Einfache Rohrteile können auch bei kleinen Stückzahlen durch feste Lehren auf Maßhaltigkeit geprüft werden

Zur Nachprüfung von einzelnen Rohrteilen z. B. der Teile A und B, in Bild 119 oder Teil 2 und 3 in Bild 39, können Längenlehren (Bild 116) mit verschieb- und auswechselbaren Meßspitzen Verwendung finden.

Bei der Nachprüfung von Rohrteilen ist zu überlegen, wo Maßabweichungen auftreten und wie diese nachträglich berichtigt werden können.

Das in Bild 119 gezeigte Rohrelement kann in Rohrteil A und B aufgeteilt werden. In dieser Reihenfolge wurde auch der Zusammenbau vorgenommen. Maßabweichungen können in beiden Teilen — unter Voraussetzung, daß die Rohre selbst mit einer Genauigkeit von ± 0 geschnitten sind — beim Aufschrauben von Winkel- und T-Stück sowie beim Zusammenschrauben von Teil A und B auftreten. Wenn wir weiter annehmen, daß das Maß c ein Plus-Maß aufweist, so bedeutet dies, daß die Teile je einen Gewindegang zu wenig ineinander geschraubt sind. Bei einer Gewindesteigung von 1,8 mm bis ¾'' und 2,3 mm ab 1'' würde dies für das ganze Rohrelement ein Plus-Maß von $3 \cdot 1,8 = 5,4$ mm bzw. $3 \cdot 2,3 = 6,9$ mm bedeuten. Je mehr Rohreinzelteile und Verbindungsstücke also miteinander verschraubt werden desto größer kann

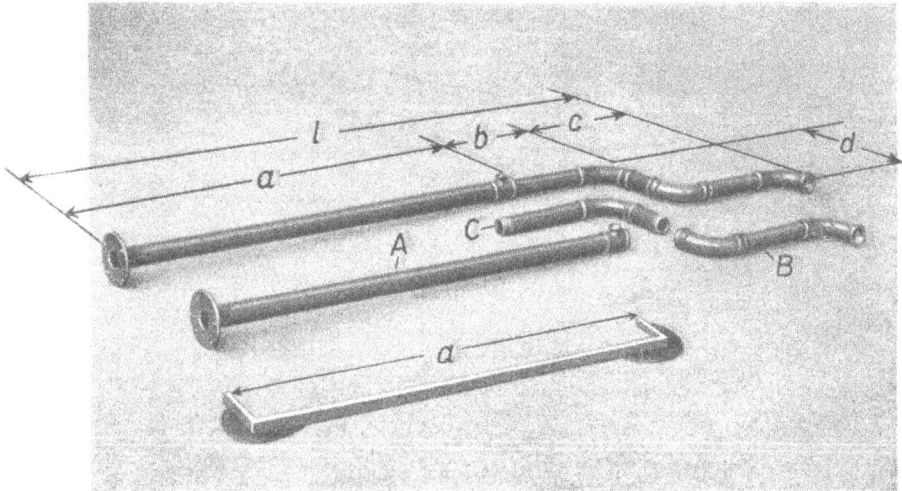

Bild 120. Für Rohrteile lassen sich Lehren einfach und billig aus Bandeisen oder Blechstreifen herstellen. Auf richtige Versteifung zur Erhaltung der Maßgenauigkeit muß jedoch geachtet werden

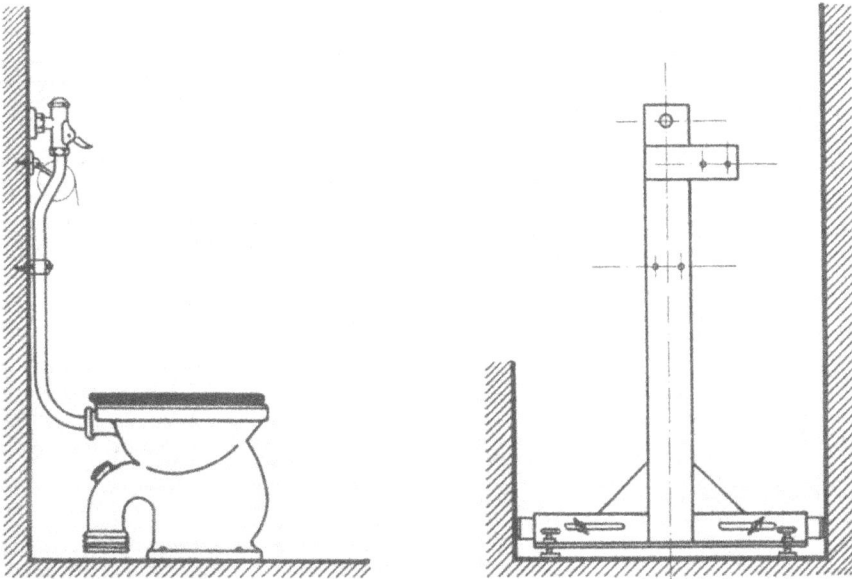

Bild 121 u. 122. Im Fußende verstellbare Lehre zum Einmitten und Festlegen des Abortspüler-anschlusses sowie der Dübel für Spülrohrschelle und Papierhalter

— im ungünstigsten Fall — die Gesamtabweichung werden. Das heißt es ist empfehlenswert mit der Kontrolle nicht erst bei den Rohrelementen, sondern bereits bei den Rohrteilen zu beginnen, zumal dann ein Nach-

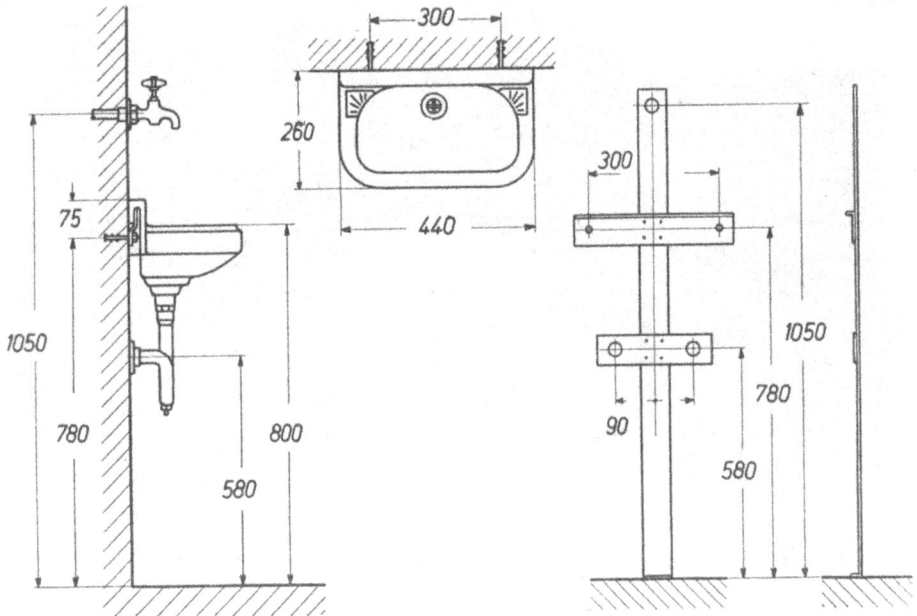

Bild 123 bis 125. Handwaschbecken. Maßskizze und Lehre für Zapfhahnanschluß, Befestigungsschrauben sowie links- bzw. rechtsseitigen Abwasseranschluß

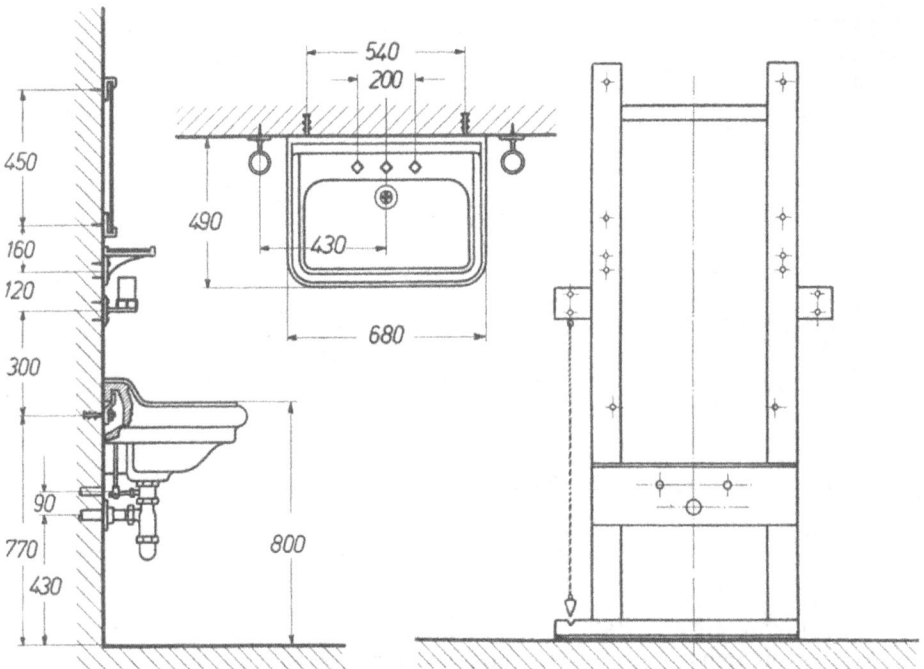

Bild 126 bis 128. Waschtischgarnitur
Maßskizze und Lehre zur Bestimmung der Dübel-Lage sowie zum späteren Vorbohren der
Schraubenlöcher und Festlegung der Anschlüsse für Kalt-, Warm- sowie Abwasserleitung

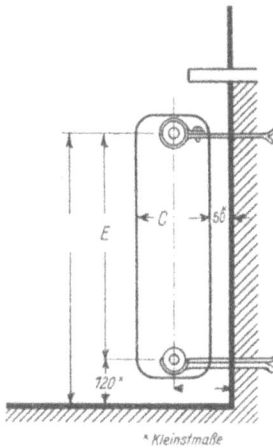

Bild 129 u. 130. Maßskizzen für Heizkörper müssen unter Berücksichtigung der DIN-Abmessungen angefertigt werden

drehen der Verbindungsstücke um einen Gang keine Schwierigkeiten verursacht.

Neben den bereits angeführten Längenlehren können zur Nachprüfung von einzelnen Rohrteilen und ganzen Rohrelementen auch einfache Vorrichtungen aus Blechstreifen oder Bandeisen geschaffen werden (Bild 119 und 120). Auf richtige Versteifung dieser Vorrichtungen zur Erhaltung der Maßgenauigkeit muß jedoch besonders geachtet werden.

4. Vereinfachter Einbau von Einrichtungsgegenständen

Wenn ein Heizungsbauer in einem Gebäude 10, 20 oder noch mehr Heizkörper gleicher Größenordnung einzubauen hat, so geht er her und mißt 10-, 20- oder noch mehrmals die gleichen Größen an den einzelnen Plätzen aus, zeichnet die Maßlinien mit Hilfe von Setzlatte, Wasserwaage und Senklot an die Wand und gibt dem Maurer an, wie die Träger zu setzen sind. Dieses Anzeichnen gleichartiger Stücke kann durch feste oder bewegliche Vorrichtungen wesentlich vereinfacht und damit arbeitszeitsparend gestaltet werden (Bild 131 bis 132).

Wenn im sozialen Wohnungsbau z. B. Hunderte von Wohnungen mit dem gleichen Handwaschbecken ausgestattet werden, so kann auch hier die Arbeit durch Lehren wesentlich vereinfacht werden. An Hand dieser Lehren werden nicht nur die Dübel und Mauerdurchbrüche angegeben, sondern auch die genaue Lage der Anschlußleitungen gekennzeichnet. Bei Plattenverkleidung dienen die gleichen Lehren zum Vorbohren der Platten für die Befestigungsschrauben.

Einen Überblick, wie derartige Lehren etwa gestaltet werden können, geben Bild 121 bis 128.

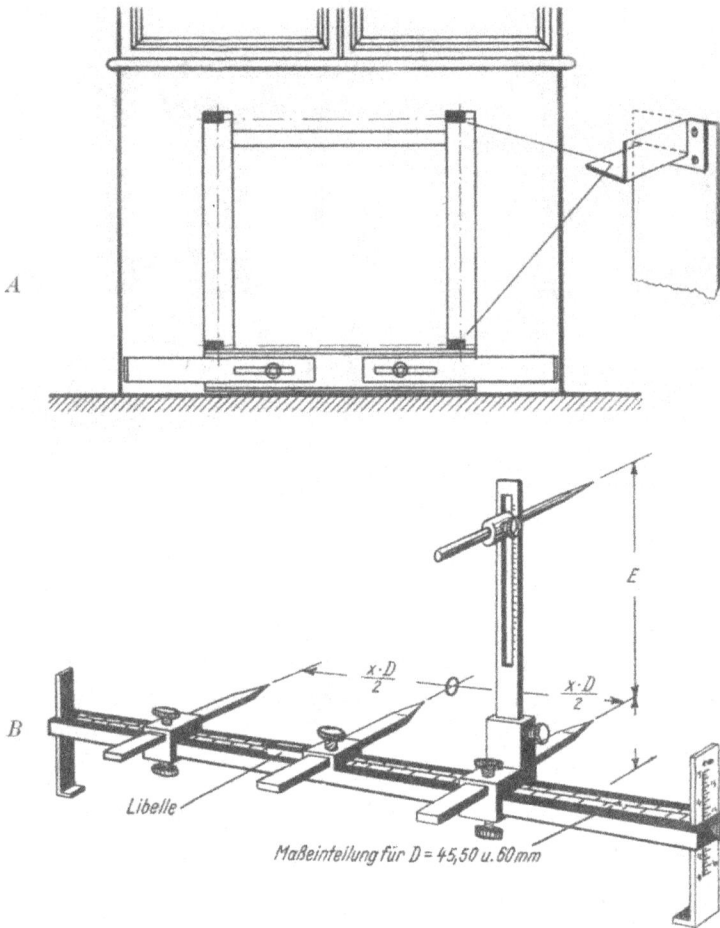

Bild 131 u. 132. Lehren zum Anzeichnen von Heizkörperträgern und -haltern können bei großen Stückzahlen gleichartiger Heizkörpergrößen nach Fig. A hergestellt werden. Den wechselnden Größen bei kleineren Bauten wird die verstellbare Lehre nach Fig. B gerecht

XII. Durchführung der Aufgaben

1. Die ideelle Bereitschaft

In der Einführung zu dieser Arbeit habe ich bereits auf die Notwendigkeit einer Revolution der Idealisten hingewiesen. Denn von der ideellen und nicht von der materiellen Seite her muß die Bereitschaft zur Mitarbeit an der Durchführung der gestellten Aufgaben kommen. Die Aufgabenstellung ist derart einmalig, daß es sich lohnt, um ihrer selbst willen bisher wenig begangene Wege zu beschreiten.

Bestimmt — es wird für manchen nicht einfach sein, jahrzehntelange Arbeitsweisen über Bord zu werfen und sich umzustellen. — Aber ist die Umstellung wirklich so groß ? Ist es, wenn wir ehrlich sein wollen, nicht mehr ein inneres Trägheitsmoment, das den einen oder anderen an einem offenen Ja hindert ?

Eine Arbeitsweise, die durch Maschineneinsatz die körperliche Anstrengung auf ein Mindestmaß beschränkt — das Gewindeschneiden oder Rohrbiegen war nicht immer reines Vergnügen — und dadurch Kräfte zur Leistungssteigerung frei macht, wird sich zwar ganz von selbst durchsetzen. Aber Leistungssteigerung im nationalsozialistischen Sinn setzt keinen Zwang oder Kadavergehorsam voraus, sondern bedingt ein wissendes und bejahendes Mitgehen — ein Mitarbeiten aus innerem Antrieb.

2. Ein Wort zur Betriebsgemeinschaft

Mitarbeiten aus innerer Überzeugung — das ist letzten Endes eine Frage der Betriebsgemeinschaft.

Vier, sechs, acht, manchmal auch zehn Mann — so hatten wir uns während meiner mehrjährigen praktischen Tätigkeit auf auswärtigen Baustellen zusammengefunden, jung und alt, aber eine Gemeinschaft, die wie Pech und Schwefel zusammenhielt. Wir schliefen alle im gleichen Gasthaus, wir aßen zusammen, wir verbrachten gemeinsam unseren Feierabend und machten sonntags gemeinsame Ausflüge, wenn wir nicht nach Hause fahren konnten. Die Lust am Leben und an der Arbeit leuchtete jedem aus den Augen — und im Handumdrehen war auch die Arbeit erledigt, denn der eine half dem andern wo er konnte. Eines Tages wurde ein »Neuer« in unsere Kolonne eingereiht und damit begann

Ärger, Krach, Zerwürfnis und als Folge davon Arbeitsunlust, unsere Kräfte zu zerplittern, die Arbeitsleistung sank. Eine Episode, am Rande erzählt, als Beispiel dafür, daß Leistung und Betriebsgemeinschaft untrennbar miteinander verbunden sind. Besonders draußen auf der Baustelle, wo der eine auf den andern angewiesen ist.

3. Schulung

Ideelle Bereitschaft und Betriebsgemeinschaft bilden den einen Weg zur Leistungssteigerung; betriebliche Schulung und fachliche Betreuung den andern. Beide müssen sich ergänzen.

Die betriebliche Schulung muß allgemein sein, d. h. sie darf nicht auf die Handarbeit beschränkt bleiben, denn von Rationalisierung und Leistungssteigerung wird letzten Endes die ganze Betriebsgemeinschaft erfaßt.

Der Rohrleger muß mit der Arbeitsweise auf der Baustelle und in der Werkstatt mit dem Einbau von Ausgleichstücken und ähnlichem vertraut gemacht werden. Er ist es jetzt gewohnt, bei jedem Gewinde an die Werkbank zu laufen. Auf der Großbaustelle geht er nicht an die Werkbank, sondern schickt den Helfer zu der unter Umständen noch 200 m entfernt stehenden Gewindeschneidmaschine — an manchen Baustellen mag die Entfernung auch noch größer sein. Bald rennt nicht nur einer, sondern zwei Helfer zur Baustelle. Und der Erfolg? Die Arbeit geht nicht rascher voran sondern langsamer. Die Gewindeschneidmaschine wird vom Bau weggeholt und verrostet in irgendeiner Ecke. »Sie hat sich nicht bewährt!« — In Wirklichkeit hat es der Rohrleger nicht verstanden, seine Arbeit der neuen Arbeitsweise richtig anzupassen. Hier muß durch entsprechende Schulung und fachliche Betreuung Verständnis für die neuen Aufgaben geweckt werden, denn ein geschulter und eingearbeiteter Stamm von Einrichtern ist bei unterteilter Fertigung Voraussetzung zum reibungslosen Ablauf der Baustellenarbeiten.

Um ein Höchstmaß an Arbeitszeiteinsparung zu erreichen, wird es notwendig sein, noch einen Schritt weiter zu gehen und Spezialisten für besondere Grundrißtypen und Bauarten, für Abwasserleitungen, für Gasleitungen usw. heranzubilden. Es war ja bisher schon so, daß ein Einrichter auf Wohnbauten gute Leistungen vollbringen konnte, bei Industriebauten aber völlig versagte — und umgekehrt. Hier gilt es also, dem richtigen Mann die seiner Veranlagung entsprechenden Arbeiten zuzuweisen. Schulung und praktische Erfahrungen werden diese Spezialisten bald zu Höchstleistungen befähigen.

Der Werkstattarbeiter soll nicht nur seine eigene Arbeit erledigen können, sondern auch wissen, wie draußen auf der Baustelle gearbeitet wird. Eine Helfertätigkeit sollte deshalb zum mindesten die Vorstufe zu einer späteren Beschäftigung in der Werkstätte bilden.

Lagerarbeiter, Kaufmann, Buchhalter und Stift bekommen durch gelegentliche Besichtigung einer Baustelle einen tieferen Einblick in die Tätigkeit ihrer Arbeitskameraden. Dies erleichtert die sachliche Erledigung ihrer eigenen Aufgaben. Der scheinbare »Zeitverlust«, der durch diese Baustellenbesuche hervorgerufen wird, steht in keinem Verhältnis zu dem Gewinn.

Wenn wir gerade von »Zeitverlust« reden: — Bei vielen Firmen ist es verpönt, Fachzeitschriften während der Arbeitszeit zu lesen — dieses Recht wird allein dem Chef eingeräumt (der es doch normalerweise gar nicht nötig haben sollte, meinen die andern)—. Warum denn so kleinlich? Die halbe Stunde, die hierfür der einzelne in der Woche aufwendet, bringt früher oder später mehr ein als dies den Anschein hat. Und dann — Fachzeitschriften gehören nicht nur in die Büros, sondern auch auf die Baustellen.

Die Voraussetzungen zur Durchführung einer erfolgreichen Schulung wurden für das Handwerk durch den Zusammenschluß des Reichsstandes des Deutschen Handwerks mit dem Fachamt Handwerk und dem Amt für Berufserziehung und Betriebsführung der DAF zum Berufserziehungswerk des Deutschen Handwerks bereits geschaffen. In allen Gauen Deutschlands sollen Fachkurse abgehalten werden, die sich mit den dringendsten technischen Anforderungen des Installateurshandwerks u. a. auch mit der planmäßigen und rationellen Herstellung von Heizungs-, Gas- und Wasseranlagen befassen (24).

4. »Der Bauleitende«

Die Durchführung großer Bauaufgaben darf nicht vom Standpunkt der seither ausgeführten — bei den meisten Rohrlegern verhältnismäßig eng begrenzten — Arbeiten erfolgen, denn dies muß notgedrungen ein Scheitern der unterteilten Fertigung und vor allem des Maschineneinsatzes zur Folge haben.

Neben fachlicher Eignung erfordert die Leitung einer Baustelle in erster Linie organisatorische Befähigung. Es ist deshalb notwendig, eine Auslese derjenigen Rohrleger zu treffen, die imstande sind die Bauführung größerer Baustellen zu übernehmen. Bei Großbaustellen dürfte es sich sogar empfehlen, einen Techniker mit der ständigen Bauführung zu betrauen.

Dieser »Bauleitende« darf aber nicht nur Fachmann und Organisator sein — sondern er muß als betrieblicher Unterführer gleichzeitig die Eigenschaften aufweisen, die ihn zur Menschenführung — im Sinne der Deutschen Arbeitsfront — befähigen.

5. Die Organisation der Baustelle

Die organisatorischen Arbeiten an der Baustelle beginnen bereits mit der Wahl des Maschinen- und Lagerstandortes. Obwohl diese Frage bereits während der Arbeitsvorbereitung angeschnitten wird, hat der Bauleitende an Ort und Stelle doch die endgültige Entscheidung zu treffen. Wenn an einer Großbaustelle mit Haus 1 begonnen wird und

Bild 133. Unter Einsatz von Maschinen auf der Baustelle gefertigte großzöllige Kanalleitungen

sowohl Lager als auch Maschinen dort aufgebaut werden, so ist das gut, solange in Haus 1 gearbeitet wird. Bleiben aber Lager und Maschine dort »hängen«, während die Einrichter bereits in Haus 15 oder 20 arbeiten, so ist dies weniger wirtschaftlich, und es ergibt sich das bereits in einem vorhergehenden Abschnitt geschilderte Bild.

Gerade die Standortwahl von Lager und Maschine ist auf Großbaustellen von besonderer wirtschaftlicher Bedeutung. Die Entscheidung

Bild 134. Rohrleitungen in einer chemischen Fabrik. Bei richtiger Planung können diese Leitungen bis auf wenige Paßstücke in der Werkstatt vorbereitet werden

hierüber wird von verschiedenen Umständen abhängen, wie z. B.:

Wird in mehreren Häusern gleichzeitig gearbeitet?

Werden die Werkstoffe für alle Häuser zusammen angeliefert oder nur Zug um Zug?

Bild 135. Richtige Leitungsführung erfordert bei Kanalleitungen eine sorgfältige Planung, dadurch ist bereits die Vorbedingung zur unterteilten Fertigung dieser Leitungen gegeben

Können die Werkstoffe bei Anlieferung sofort an die betreffenden Bauten verteilt und dort sicher und ohne Beeinträchtigung gelagert werden?

Müssen Kleinteile besonders gelagert werden?

Steht überall oder nur an einer bestimmten Stelle Stromanschluß zur Verfügung?

Beschaffenheit der Zufahrtsstraßen?

Beschaffenheit des Geländes zwischen den Bauten?

Entfernung der einzelnen Bauten vom zentralen Lager usw.?

Bei der Klärung dieser Fragen wird es sich zeigen, ob eine Verlegung von Lager- und Maschinenstandort mit dem Voranschreiten der Arbeiten möglich ist, oder ob zweckmäßiger ein zentrales Lager mit Bearbeitungswerkstätte zur Aufstellung kommt. Im letzteren Fall muß unter Umständen die Verwendung einer zerlegbaren Bauhütte in Erwägung gezogen werden. Um die kleineren Transporte zwischen den einzelnen Bauten und dem zentralen Lager zu erleichtern, empfiehlt es sich, einen Zweiradwagen zur Verfügung zu stellen.

9*

Als weitere wichtige organisatorische Maßnahme wäre der richtige Einsatz der einzelnen Einrichter an den Bauten zu nennen. Hier muß der Bauführer darauf achten, daß Schwierigkeiten in der Werkstoffanlieferung sich an der Baustelle nicht zu einem arbeitseinsatzmäßigen Leerlauf auswirken.

Die Einhaltung der Einbaufolge, rechtzeitige Meldung bei notwendig werdenden Änderungen stellen weitere Glieder in der Kette organisatorischer Maßnahmen dar, die im Rahmen des Arbeitsablaufes an einer Großbaustelle an den bauleitenden Fachmann herantreten.

6. Werkstattarbeiten

Die Durchführung der Werkstattarbeiten erfordert zur rationellen und wirtschaftlichen Fertigung die Einhaltung bestimmter Arbeitsfolgen.

Je nach Betriebsgröße ergibt sich hieraus die Bildung von Arbeitsgruppen, denen bestimmte Aufgaben zugeteilt sind.

Stangelmayer (3) gibt die bei den Bauten des Reichsarbeitsdienstes bewährten Arbeitsfolgen wie folgt bekannt:

»Arbeitsgruppe 1:
> Beförderung der Rohre vom Lager in handelsüblichen Längen zur Werkstatt.

Diese Arbeitsgruppe wird zweckmäßigerweise das Zubringen aller übrigen Materialien (Röhrenverbindungsstücke, Armaturen usw.) mitbesorgen (d. Verf.).

Arbeitsgruppe 2:
> Zuschneiden der Rohrteile.

Arbeitsgruppe 3:
> Aufschneiden der Gewinde.

Arbeitsgruppe 4:
> Aufschrauben von Fittings auf die Rohrenden.

Arbeitsgruppe 5:
> Herstellen komplizierter Verbindungen (z. B. Rohrenden mit Absperrschieber, Zapfhähnen usw.).

Arbeitsgruppe 6:
> Schweißarbeiten und Arbeiten an den Rohrbiegemaschinen (Heizungsleitungen usw.).

Arbeitsgruppe 7:
> Aufwalzen von Flanschen (Heizungsleitungen).

Arbeitsgruppe 8:
> Zusammenbau der vorbereiteten Teile zu fertigen Positionen.

Jede Position erhält ein Blechschild mit der entsprechenden Nummer, die für die gesamte Fertigung und den Aufbau maßgebend ist, und die wiederum mit den Zeichnungen übereinstimmen muß. Schon unter dem Arbeitsgang 1 werden die Nummern mit Farbe oder Kreide aufgetragen, um beim Arbeitsgang 8 durch unverwischbare Nummern ersetzt zu werden.

Arbeitsgruppe 9:

Abtransport der fertigen Rohrelemente zum Versandlager.

Nach dieser Unterteilung sind nur für die Arbeitsgruppen 6 und 8 Fachkräfte erforderlich. Alle übrigen Arbeiten können durch angelernte bzw. Hilfskräfte ausgeführt werden.

Auf die übrigen bei Durchführung der Werkstattarbeiten zu beachtenden Punkte wurde bereits in dem Abschnitt »Arbeitsvorbereitung« hingewiesen.

7. Leistungslohn

Es unterliegt keinem Zweifel, daß die Leistungen der Rohrleger und Hilfskräfte große Unterschiede aufweisen. Wenn nun auf der einen Seite eine weitgehende Leistungssteigerung verlangt wird, so muß diese auf der anderen Seite auch ihre Anerkennung durch einen gerechten Leistungslohn finden.

Nachdem bereits ab 1. Sept. 1942 für das Baugewerbe eine über den seitherigen Rahmen hinausgehende Leistungslohn-Reichstariforndnung in Kraft tritt, soll nunmehr geprüft werden, ob auch die Arbeitsverhältnisse sämtlicher Baunebengewerbe nach den gleichen Gesichtspunkten einheitlich geregelt werden können. Mit der Durchführung dieser Aufgabe wurde vom Reichsarbeitsminister als Sondertreuhänder der Reichstreuhänder für das Wirtschaftsgebiet Mittelelbe betraut.

Nachdem in Zusammenhang mit der unterteilten Fertigung sowohl für die Werkstätten als auch die Baustellen die Festsetzung von Leistungszeiten nach REFA unerläßliche Voraussetzung sind — dürfte hier die Einführung des Leistungslohnes keine besonderen Schwierigkeiten bereiten.

8. Arbeitskräfte für den leistungsfähigen Betrieb

In den verschiedenen Abschnitten dieser Arbeit habe ich wiederholt darauf hingewiesen, daß im Rohrleitungsbau noch manche Arbeitsstunde aktiviert werden kann, daß es Betriebe gibt, die für die gleiche Arbeitsleistung einen geringeren Aufwand an menschlicher Arbeitskraft benötigen als andere.

Wie Dr. Hildebrand, Oberregierungsrat im RAM. in einer Veröffentlichung (25) ausführt, sollen in Zukunft für derartige »gute« Betriebe bevorzugt Arbeitskräfte vermittelt oder belassen werden. Er geht davon aus, daß die bisherigen Verfahren zur Beschaffung und Lenkung von Arbeitskräften allein noch nicht genügt haben, den Arbeitermangel zu beseitigen. Ein weiterer Weg sei der, bei der Lenkung von Arbeitskräften und Aufträgen solche Betriebe zu bevorzugen, bei denen der Einsatz von Arbeitskräften ein Optimum an Leistung ergibt.

9. Zwischen gestern und morgen

Was gestern war, wissen wir. Daß vor dem Morgen noch erhebliche Schwierigkeiten zu überwinden sind, ist uns ebenfalls bekannt, zumal dem Maschineneinsatz zeitbedingte Grenzen gesetzt sind.

Allzu Eifrige werden — wenn es so weit ist — hingehen und möglichst alles in der Werkstatt vorbereiten wollen. Die Einbauarbeit am Bau wird sie eines Besseren belehren. Die Ängstlichen werden zu wenig vorbereiten und am Bau feststellen, daß bei dieser Arbeitsweise »eigentlich nichts herauskommt«, um dann zur reinen Baustellenfertigung zurückzukehren. Sonst tüchtige Einrichter werden sich gegen die Änderung »ihrer« Arbeitsweise sträuben. Nacharbeiten an werkstattmäßig vorbereiteten Teilen werden am Bau nur mit Widerwillen vorgenommen werden. Aber Schwierigkeiten erkennen — bedeutet bereits den ersten Schritt zur Gesundung. Wie macht es doch der Arzt, wenn er dem Patienten eine »Medizin« verordnet? »Tropfen- oder löffelweise nehmen« — aber nicht die ganze Flasche auf einmal. Handeln wir entsprechend. Der Erfolg wird nicht ausbleiben!

XIII. Schlußwort

Hinweise zu geben und Hilfsmittel aufzuzeigen zur Leistungssteigerung und Arbeitsbestgestaltung im Rohrleitungsbau — in Wort und
Bild — ohne dabei auf allzu viele Einzelheiten einzugehen oder gar in
ein Lehrbuch auszuarten —, das sollte Sinn und Zweck dieser Arbeit
sein. Daß hier unter Hinweis und Hilfsmittel nicht nur materielle Dinge,
sondern in weit größerem Maße ideelle Gesichtspunkte zu verstehen sind,
dürfte dem Leser inzwischen verständlich geworden sein. Denn die
kommenden Aufgaben sind weniger technisch-wirtschaftlicher als
nationalpolitischer Art. Nationale Aufgaben lassen sich aber nur mit
Idealismus vollkommen lösen.

XIV. Anhang

A. Normblattverzeichnis

Verzeichnis der wichtigsten Normblätter aus dem Gebiet des Rohrleitungsbaues und der Haustechnik

(Auszug aus dem DIN-Normblattverzeichnis 1942. Die betr. Normblätter sind durch den Beuth-Vertrieb G. m. b. H. Berlin SW 68, zu beziehen.)

Das Sachverzeichnis ist nach der Dezimalklassifikation in Gruppen geordnet, die durch DK-Zahlen gekennzeichnet sind.

Die hinter der DIN-Nummer angegebenen Zahlen bezeichnen Monat und Jahr der Normblatt-Ausgabe.

536 Wärme

DIN 1343   8. 40.   Normtemperatur. Normdruck, Normzustand (Ersatz für DIN 524)
»   1345 10. 38.   Formelgrößen und Einheiten der Wärmelehre und Wärmetechnik.

621.643 Rohrleitungen

DIN 2400   2. 40.   Rohrleitungen, Übersicht.
»   2401   8. 36.   Druckstufen, Nenndruck, Betriebsdruck, Probedruck,
»   2402   8. 36.   Nennweiten.

621.643 : 003.6 Sinnbilder

DIN 2429   4. 25.   Bl. 1—4 Sinnbilder für Rohrleitungen,
»   2430 12. 29.   Bl. 1—4 Formstücke für Rohrleitungen, Übersicht und Sinnbilder.

621.643—77 Kennfarben

DIN 2403   5. 32.   Kennfarben für Rohrleitungen,
»   2404   Entwurf Kennfarben für Heizungsrohrleitungen.

621.643.2 Rohre

DIN 2410   9. 40.   Rohre, Übersicht.

Flußstahlrohre

DIN 2440 10. 34.   — gewöhnliche Gewinderohre (Gasrohre),
»   2440 U 7. 40.   — gewöhnliche Gewinderohre (Gasrohre),
»   2441 11. 37.   Flußstahlrohre, verstärkte Gewinderohre (Dampfrohre) (Ersatz für DIN Vornorm 2441),
»   2442   1. 33.   Nahtlose Flußstahl-Gewinderohre, Flußstahl St 35. 29 DIN 1629 für Nenndruck 1 bis 100 (Auswahl für die Kälteindustrie siehe DIN 3151),
»   2448   8. 39.   — (handelsüblich), Flußstahl St 00. 29 DIN 1629 für Nenndruck 1 bis 25 (Auswahl aus DIN 2448).

621.643.412 Flansche

DIN 2500 10. 28.   Flansche, Übersicht.

DIN 2981 3. 42. Stahlfittings, Langgewinde,
» 2982 3. 42. — Rohrdoppelnippel,
» 2983 3. 42. — Rohrbogen mit Muffe,
» 2984 3. 42. — Rohrdoppelbogen mit Muffe,
» 2985 3. 42. — Rohretagenbogen mit Muffe.
» 2986 3. 42. Stahlfittings, Muffen, Absatzmuffe,
» 2987 3. 42. — Kreuz, Te, Winkel, egal und reduziert,
» 2988 3. 42. — Muffen und Absatzmuffen verstärkt,
» 2989 3. 42. — Kreuz, Te, Winkel verstärkt, egal und reduziert,
» 2990 3. 42. — Doppelnippel mit Sechskant, Reduzierstücke mit Sechskant,
» 2991 3. 42. Stopfen-Kappen,
» 2993 3. 42. — Rohrverschraubungen,
» 2999 7. 42. Whitworth-Rohrgewinde ohne Spitzenspiel für Fittingsanschlüsse (in Neubearbeitung).

621.643.44 Dichtungen
DIN 2690 1. 27. Flachdichtungen für Flansche mit ebener Dichtungsfläche für Nenndruck 1 bis 40,
» 2691 10. 26. Flachdichtungen für Flansche mit Nut und Feder für Nenndruck 10 bis 100,
» 2693 10. 26. Rundgummidichtungen für Flansche mit Eindrehung für Nenndruck 10 bis 100.

621.646 Armaturen
621.646:003.6 Sinnbilder
DIN 3400 7. 28. Kennzeichen für Armaturen.

621.646.2 Ventile
DIN 3300 8. 41. Durchgangs- und Eckventile, Baulängen für ND 6— ND 100
» 3301 12. 30. ⎫
» 3302 12. 30. ⎪ zurückgezogen,
» 3303 12. 30. ⎬
» 3304 12. 30. ⎭
» 3319 12. 30. Handräder mit vollem Kranz und verjüngtem Vierkantloch,
» 3322 12. 30. ⎫
» 3323 12. 30. ⎬ zurückgezogen.
» 3324 12. 30. ⎭

621.646.5 Absperrschieber
DIN 3204 Entwurf Keil-Flachschieber für Heizungsanlagen für ND 4 mit Flanschanschluß nach ND 6.

621.646.6 Hähne
DIN 3461 Entwurf Leichte Muffen- und Zapfenhähne bis Nenndruck 6,
» 3462 Entwurf Schwere Muffen- und Zapfenhähne bis Nenndruck 16,

621.646.9 Zubehör für Rohrleitungen und Armaturen
DIN 4055 9. 38. Straßenkappe für Hydranten,
» 4056 9. 38. — für Wasserschieber in Gehwegen und Fahrbahnen,
» 4057 9. 38. — für Ventile und Hähne in Wasserleitungen,
» 4058 9. 38. — für Gasarmaturen,
» 4059 9. 38. — für Ventile und Hähne in Gasleitungen.

628 Gesundheitstechnik
628.1 Wasserversorgung
DIN 1959 8. 37. Technische Vorschriften für Kulturbauarbeiten, ländliche Wasserleitungen und Kanalisationen,

DIN 1988 9. 40. Bau und Betrieb von Wasserleitungsanlagen in Grundstücken,
»   2425 2. 40. Richtlinien für Rohrnetzpläne der Gas- und Wasserversorgung,
»   3266 9. 40. Regeln für Bau und Betrieb von Rohrbelüftern,
»   4810 6. 38. Druckkessel (geschweißt) für Wasserversorgungsanlagen.

628.1 : 621.646 Ventile für Wasserleitungen

DIN 3510 U 7. 38. Armaturen und Rohrleitungsteile für Gas- und Wasserleitungen,
»   3511 U 6. 38. Durchgangsventile für Wasserleitungen bis 10 kg/cm² Betriebs-
                   druck, Übersicht,
»   3516 U 6. 38. Auslaufventile für Wasserleitungen bis 10 kg/cm² Betriebsdruck,
                   Übersicht,
»   3530 U 8. 36. Armaturen und Beschlagteile für sanitäre Zwecke,
»   3271 10. 28. Durchgangsventile bis Nenndruck 10, Betriebsdruck W 10, Über-
                   sicht,
»   3276 10. 28. Auslaufventile bis Nenndruck 10, Betriebsdruck W 10, Übersicht.

628.2 Entwässerung

DIN 1986   Technische Vorschriften für Bau und Betrieb von Grundstück-
                entwässerungsanlagen,
»   1986 U zurückgezogen.
»   1987 7. 32. Bau und Betrieb von Grundstückentwässerungsanlagen, Grund-
                   lagen für rechtliche und verwaltungstechnische Vorschriften,
»   4045 5. 37. Formelzeichen und Begriffsbezeichnungen in der Abwassertechnik,
»   4050 10. 33. Richtlinien für Bestandspläne für öffentliche Entwässerungs-
                   anlagen.

628.245 Kanalisationsrohre

DIN 1230 7. 38. Kanalisations-Steinzeugwaren, Abmessungen, technische Liefer-
                   bedingungen in Neubearbeitung,
»   4032 7. 39. Betonrohre, Bedingungen für die Lieferung und Prüfung.

697.3.5 Zentralheizungen

»   4701 1929   Regeln für die Berechnung des Wärmebedarfs von Gebäuden und
                für die Berechnung der Kessel- und Heizkörpergrößen von
                Heizungsanlagen (in Neubearbeitung),
»   4720 7. 36. Gußeiserne Gliederheizkörper (Radiatoren), Baumaße, Verwen-
                   dung,
»   4722 6. 38. Stahlgliederheizkörper (Stahlradiatoren), Baumaße, Verwendung,
»   4750 11. 37. Standrohre für Niederdruckdampfkessel,
»   4751 3. 38. Sicherheitsvorrichtungen für Warmwasserheizungen (Neuentwurf),
»   4752   Entwurf Sicherheitsvorrichtungen für Warmwasserheizungen mit
                 mittelbar beheizten Warmwassererzeugern (in Vorbereitung),
»   4753   Entwurf Sicherheitsvorrichtungen für Heißwasserheizungen (in
                 Vorbereitung),
»   4754   Entwurf Sicherheitsvorrichtungen für Warmwasserbereitungs-
                 anlagen (in Vorbereitung),
»   4801 6. 31. Einwandige Warmwasserbereiter mit Deckel aus Flußstahl, Be-
                   triebsdruck 6 kg/cm²,
»   4802 6. 31. — — mit Halsstutzen aus Flußstahl, Betriebsdruck 6 kg/cm²;
»   4803 6. 31. Doppelwandige Warmwasserbereiter mit Deckel aus Flußstahl,
                   Betriebsdruck 6 kg/cm²,
»   4804 6. 31. Doppelwandige Warmwasserbereiter mit Halsstutzen aus Fluß-
                   stahl, Betriebsdruck 6 kg/cm²,
»   4809 U 3, 39. Zentrale Warmwasserbereitungsanlagen, Maßnahmen zur Korro-
                   sionsverhütung.

B. Schrifttumverzeichnis

(1) Holl, P., »Beschleunigung der Arbeitsweise und Verbilligung der Anlagekosten im haustechnischen Rohrleitungsbau«. Gesundh.-Ing. Jg. 64 (1941), H. 46, S. 623 bis 626.
»Unterteilte Fertigung im Rohrleitungsbau«. Gesundh.-Ing. Jg. 65 (1942), H. 1/2, S. 1 bis 10.

(2) Abteilung Technik, Landesgewerbemuseum Stuttgart: »Kalkulationszeiten für das Heizungs-, Wasser- und Gas-Installationsgewerbe«.

(3) Stangelmayer, J., »Genormte, zerlegbare Rohrleitungsnetze für die gesundheitstechnischen Anlagen der ortsveränderlichen Unterkünfte des Reichsarbeitsdienstes«. Gesundh.-Ing. Jg. 65 (1942), H. 25/26, S. 193 bis 199.

(4) »Der Soziale Wohnungsbau in Deutschland«, 2 Jg., H. 8, S. 252: »Bestformen für den sozialen Wohnungsbau«.

(5) Deutsche Bauhütte: Industriewohnungen nach dem Kriege. Jg. 45 (1941), H. 22.

(6) Rundschau Deutscher Technik: »Nach dem Kriege Wohnungsbau.« Nr. 35 vom 23. 10. 41.

(7) C. Bender, »Dusche oder Vollbad«. »Heizung und Lüftung«, 11 (1941), S. 121 bis 125.

(8) Spiegel, H., »Die Entwicklung und Gestaltung von Normen und Typen im Wohnungsbau«. Der Soziale Wohnungsbau in Deutschland, Jg. 2 (1941), H. 22.

(9) Mengeringhausen, M., »Der Gesundheitsraum.« Gesundh.-Ing. Jg. 64 (1941), H. 6, S. 86.

(10) Jakob, J., »Der Soziale Wohnungsbau in Deutschland«. Jg. 1 (1941), H. 7.

(11) Mengeringhausen, M., »Praktische Ergebnisse der Werkstoffumstellung in der Haustechnik«. Vierjahresplan (1940), H. 23.

(12) DIN-Mitteilungen, »Normung, Begriffsbestimmung«, Jg. 24 (1941), H. 4, S. 181.

(13) VDI-Zeitschrift, »Aufruf an die Führer der gewerblichen Wirtschaft«, Jg. 85 (1941), H. 25, S. 563.

(14) Frankfurter Zeitung, »Rationalisierung wie noch nie«, Nr. 573 (1941), S. 5.

(15) Seebauer, G., »Leistungssteigerung durch Rationalisierung«. Vierjahresplan Jg. 2 (1938), H. 9, S. 523.

(16) Holl, P., »Rationalisierung im Rohrleitungsbau«. Industria/Blätter der Frankfurter Zeitung für Technik und Wirtschaft vom 4. 6. 1942, S. 2.

(17) Schönbein, H., »Wohnungsbau und Bauwirtschaft«. Der Soz. Wohnungsbau in Deutschland, Jg. 1 (1941), H. 22, S. 817.

(18) Brandt, R., »Neuere Erkenntnisse in der Gaszählerinstallation«. Gas- u. Wasserfach Jg. 82 (1939), H. 37, S. 649 bis 653.

(19) Holl, P., »Neue Wege im Haustechnischen Rohrleitungsbau«, Der Soz. Wohnungsbau in Deutschland, 2. Jg. (1942), H. 11, S. 345 bis 346.

(20) Vanderweil, F., »Das Parkchester-Housing Projekt in New York-City«. Gesundh.-Ing. Jg. 64 (1941), H. 8, S. 100 bis 103.

(21) Hartmann, R., »Sozialer Wohnungsbau und das deutsche Gas- u. Wasserfach«. Gas- u. Wasserfach Jg. 84 (1941), H. 30, S. 425 ff.

(22) Neufert, E., »Bau-Entwurfslehre«, Berlin 1941, Küchenbeispiele S. 103.

(23) Z. VDI Bd. 84 (1940), S. 1010.

(24) Deutsche Installateur- und Klempnerzeitung, Jg. 48, H. 5/6, »Rückblick und Ausblick«.

(25) Hildebrandt, »Konzentration des Arbeitseinsatzes«. Reichsarbeitsblatt Jg. 1942, H. 4.

Die Fotos, Zeichnungen und Tafeln stammen von:

Bild: 2, 133	Chr. Aechter & Sohn, München 7,
8	Zarges Leichtmetallbau, Weilheim/Obb.,
9, 27	Vereinigte Feuerton-Verkaufs GmbH, Heidelberg,
42—45	Reichsarbeitsdienst,
51—53	A. Roller, Waiblingen,
65, 66, 68	Maschinenfabrik Germania, Chemnitz,
67, 69, 70, 81	Maschinenfabrik G. Wagner, Reutlingen,
80	R. Reinery & Co, Hagen-Kabel,
82—85	Colombo-Sägenfabrik Dresden,
86	Eyring & Scheelke, Hamburg-Altona,
87—96	J. Banning, Hamm,
97—99	Schmid & Wezel, Maulbronn,
100, 102, 103	C. & E. Fein, Stuttgart,
101	Ackermann & Schmitt, Stuttgart,
104—123	R. Bosch, Stuttgart,

1, 3, 4, 5, 6, 7, 10, 11, 12, 13, 14, 15, 16, 17, 18, 19, 20, 21, 22, 23, 24, 25, 26, 28, 29, 30, 31, 32, 33, 34, 35—40, 41, 42, 46—50, 54, 55, 64, 72—79, 114, 115, 116, 117, 118, 132, 134, 135: Verfasser.

Tafel: 7 R. Bosch, Verfasser: 1, 2, 3, 4, 5, 6.

Allen Behörden und Firmen sei auch an dieser Stelle für ihr Entgegenkommen nochmals Dank gesagt.

C. Sachregister

Leitfaden für Rohrleger und Einrichter der sanitären Technik. Von Obering. Ewald Kuckuck.

Band I: Gasanlagen. 169 Seiten, 150 Abbildungen. 8°. 1943 Halbleinwand RM 7.--

Band II: Sanitäre Anlagen. Befindet sich in Vorbereitung.

Rohre unter besonderer Berücksichtigung der Rohre für Wasserkraftanlagen. Von Dr.-Ing. Victor Mann. 220 Seiten, 138 Abbildungen. Gr.-8°. 1928. Brosch. RM 10.30, in Leinen RM 12.10

Bestimmung der Rohrweiten von Hochdruck-, Niederdruck- und Unterdruckdampfleitungen. Von Obering. Joh. Schmitz. 2. verb. Auflage, 5 Seiten, 18 Tafeln. 4°. 1930   RM 4.--

Hermann Recknagels Hilfstafeln zur Berechnung von Warmwasserheizungen. Vollständig neu bearbeitet von Obering. Erich Keller. 7. Auflage, 43 Seiten mit 50 Zahlentafeln. Lex.-8°.   RM 4.--

Die Rohrnetze der Warmwasser-Heizungsanlagen. Allgemeine Wirtschaftlichkeitsberechnungen für deren Planung und Bemessung. Von Dipl.-Ing. J. Groenningsaeter. 47 Seiten, 52 Abbildungen, 2 Hilfst. 4°. 1935 (= Beihefte zum Gesundheits-Ingenieur. Reihe I: Heft 32   RM 10.--

R. OLDENBOURG ⁄ MÜNCHEN UND BERLIN